陆相断陷湖盆坡移扇形成机制及富集规律

刘鑫金　著

中国石化出版社

图书在版编目(CIP)数据

陆相断陷湖盆坡移扇形成机制及富集规律/刘鑫金著．—北京：中国石化出版社，2023.4
ISBN 978-7-5114-7021-8

Ⅰ.①陆… Ⅱ.①刘… Ⅲ.①断陷盆地-含油气盆地-油气藏形成-研究 Ⅳ.①P618.130.2

中国国家版本馆 CIP 数据核字(2023)第 061865 号

中国石化出版社出版发行
地址:北京市东城区安定门外大街 58 号
邮编:100011 电话:(010)57512500
发行部电话:(010)57512575
http://www.sinopec-press.com
E-mail:press@sinopec.com
北京柏力行彩印有限公司印刷
全国各地新华书店经销
*
710×1000 毫米 16 开本 10 印张 162 千字
2023 年 6 月第 1 版 2023 年 6 月第 1 次印刷
定价:68.00 元

前　言

重力流沉积理论始于广义的浊流理论，早在1929年，加拿大格兰德滩大洋中的高密度流冲断海底电缆引起了学者对深水重力流的注意；1962年，Bouma通过对复理石的研究（经典浊流理论）提出的鲍马层序具有重要的影响力；1996年，G Shanmugam提出在深水区发育大规模砂质碎屑流的新认识，挑战传统浊流观点，代表了深水重力流最新的研究进展。在浊流理论逐渐更新的过程中建立的砂质碎屑流概念是对重力流理论的部分否定与补充，浊流与砂质碎屑流理论共同解释深水沉积物更加准确和完善。运用最新的重力流理论去解决勘探实践中遇到的实际问题，剖析坡移扇的成因机制，建立精细的三角洲前缘坡移扇砂体的成因地质模型有效指导勘探部署，具有重要的理论及现实意义。

东营凹陷是典型的陆相断陷盆地，也是我国东部油气最为富集、剩余资源量最大的地区之一，油气分布十分复杂，仍然具有较大勘探潜力。沙三段沉积时期是东营凹陷的断陷鼎盛期，广泛分布着不同物源体系的三角洲沉积，在其前方大规模发育各类重力流成因砂体。受深湖相重力流沉积理论体系和地质模型不完善等因素的制约，浊积岩岩性油气藏的勘探成功率偏低一直是勘探工作中存在的重要问题。勘探实践表明，沙三段三角洲－浊积岩体系中广泛发育一种沉积特征更加接近三角洲前缘的坡移扇砂体，运用传统的沉积物重力流理论较难准确描述。其中具有典型鲍马序列的浊积岩所占的比例并不高，这种发育于三角洲前缘附近，在纵向上互层叠置的坡移扇砂体越来越引起人们的注意，是下步三角洲－浊积岩体系的重要增储类型。

本书系统介绍了陆相断陷盆地坡移扇砂体发育的基础地质背景，详细介绍了坡移扇砂体的识别标识，建立了坡移扇砂体的沉积成因模式，划分了坡移扇的类型及叠置样式，并通过对东营凹陷的大量解剖，明确了坡移扇的分布规律；在此基础上，论述了坡移扇形成的控制因素并建立了坡移扇体的地质定量预测方法；在油源对比、成藏期物性、压力恢复的基础上，阐述了坡移扇砂体的动态成藏过程，并建立了砂体含油性的定量预测方法，从而为该类砂体的井位部署提供有效指导。

本书编写过程中得到了中国石化胜利油田副总地质师刘惠民、勘探开发研究院各级领导及东营勘探研究室各位同事的大力支持和帮助，再次深表谢意！同时，也对书中所引用文献的作者深表谢意！希望本书能为从事高勘探程度区复杂隐蔽岩相圈闭勘探的科研人员提供技术支持和借鉴依据，指导陆相断陷盆地岩性油藏的深化勘探。

目　　录

1 绪论

与三角洲、河流沉积相研究相比，深水重力流研究起步较晚。大洋中高密度流冲断海底电缆引起学者的注意。1948 年，Kuenen 提出海底峡谷可能由高密度流侵蚀形成，并于 1950 年发表《浊流形成粒序层理》一文，是重力流理论研究的开端。20 世纪 50 年代到 70 年代是重力流沉积模式的建立时期，不断有学者提出新的深水沉积模式，其中有影响力的为鲍马序列与约克综合扇模式。Walker 把 Nornak 现代扇模式和 Mutti 古代海底扇的相概念结合起来，提出的综合扇模式在油气勘探上受到重视。随着人们对深水沉积认识的深入，有学者撰文质疑鲍马序列和扇模式，并指出现代和古代扇系统比人们认识的要复杂。1994 年，美国石油地质家协会联合科罗拉多矿院、斯坦福大学、Exxon 公司等多家单位考察 Ouachit 山深水沉积剖面，并在 *AAPG BULLETIN* 发表文章各抒己见，其中 Shanmugam 提出的砂质碎屑流概念及实验具有深远意义。国内学者对深水重力流的研究有很多，如吴崇筠根据浊积砂体在湖盆中所处的位置和形态，将湖相浊积岩体系归纳为六种成因类型。基于对东部断陷盆地的研究，认为湖盆陡坡带边界大断层的下降盘广泛发育近岸浊积扇体；湖盆缓坡广泛发育带供给水道的远岸浊积扇，两种扇体可细分为内扇、中扇与外扇三个相带。此后学者对于深水重力流的相带划分有不同的理解，分别运用远源与近源、薄层与厚层、粗粒与细粒、典型与非典型、坡移与滑塌等专业术语进行描述和分类。

沉积学界对于重力流沉积的认知程度存在差别，总体来说可概括为以下两个方面：浊积岩的内涵与鲍马序列重新解释。深水重力流根据其沉积物支撑机制可分为颗粒流、沉积物液化流、碎屑流与浊流。有学者将这四种重力流沉积物统称为浊积岩，事实上浊积岩只是浊流沉积的产物。浊流是一种紊流支撑的悬浮搬运，其沉积物表现为沉积颗粒的顺序排列，即粒序层理，鲍马序列 *A* 段的下部。*A* 段的上部块状层理被解释为砂质碎屑流沉积，而 *B* 段、*C* 段、*D* 段则被解释为深水底流沉积或者牵引流沉积的产物。换句话说，鲍马序列是深水沉积的岩相组合，包含多种流态的沉积物，只有粒序层理是鉴别浊流的标志。在浊流理论逐渐更新的过程中建立的砂质碎屑流概念是对重力流理论的部分否定与补充，浊流与砂质碎屑流理论共同解释深水沉积物则更加准确和完善。

总体来看，国内学者出于实用性的考虑，对深水重力流的研究集中于沉积的环境、相带划分与含油性三个方面，而对深水重力流的流动机制研究涉及较少。三角洲前缘坡移扇沉积属于重力流沉积的范畴，其研究进展概括如下。

1.1 坡移扇研究进展

1.1.1 坡移扇的概念

坡移扇的提出与国内湖相三角洲－浊积岩体系的研究密不可分，目前国内外对坡移扇的定义尚未统一，国内学者在不同沉积盆地的研究过程中，根据不同的研究目的或划分标准来使用“坡移扇”的概念，主要集中在渤海湾盆地的辽中凹陷中北部东营组、东营凹陷沙三段和鄂尔多斯盆地上三叠统延长组等地区的湖相沉积研究。

加东辉(2010)在《辽中凹陷中北段重力流发育模式与控制因素》中建立了坡移扇的发育模式。研究认为坡移扇主要分布在凹陷带内部，沿泥拱坡折带展布，为线物源供给，由南到北沿斜坡共发育四支距离很近的沟道体系，其中扇根不太发育，沿坡角发育扇中沉积，可延伸较远；沟道间片流沉积不发育，为钙质胶结的湖相泥岩；坡移扇沉积体为基准面上升期对泥拱坡折带上方三角洲改造的结果，其发育规模受物源方向的控制；扇中亚相在测井相上为多期锯齿状箱形的叠置，纵向岩相组合具反旋回的特征，岩性主要为灰色的细砂岩、粉砂岩和泥质粉砂岩。但对坡移扇尚未作出明确的定义。在鄂尔多斯盆地的研究中认为坡移扇为坳陷湖盆相对稳定沉降阶段，多被洪水引发，由来源于三角洲前缘的碎屑流、浊流、颗粒流等重力流携带的大量碎屑物质，在深湖陡岸斜坡区的快速搬运过程中转化为浊流，在缓坡和湖盆低洼处形成浊积扇。其在盆地内深湖区比较发育，分布范围大，补给物源为点物源，有固定的运移通道。搬运的距离相对较远，以中扇和外扇沉积比较常见。其中内扇亚相主要发育槽道及天然堤沉积微相，中扇亚相主要发育浊积水道、浊积水道间及浊积水道前缘亚相(陈全红，2006；陈朝兵，

2012；张涛，2012），研究认为坡移扇是一种浊流沉积，且有固定的辫状水道。

针对东营凹陷沙三段坡移扇的研究较多，认为向湖盆方向，湖水动力及洪水作用等可对基准面下降期的三角洲前缘及三角洲平原沉积物进行侵蚀冲刷，致使大量沉积物沿湖盆边缘斜坡发生坡移，当与地形坡折背景相配置时，可以在深水湖区发生再沉积作用形成坡移扇（Cross 和 Lessenger，1998；邓宏文，1995）；王居峰（2004）首次提出坡移扇的说法，指的是短期基准面上升之初，湖水动力及洪水作用等可对三角洲前缘进行侵蚀冲刷，致使大量沉积物沿湖盆边缘斜坡发生坡移而形成的沉积体，其特点是厚度大（10～40m），粒度较粗，单个扇体分布面积差别较大，一般为 1～3km^2，地震剖面上常呈中－强振幅的透镜状；陈永红等（2006）提出类似坡移扇的沉积体，三角洲前缘的滑移体和滑塌体，位于二级坡折带上部和下部，滑移沉积物基本未液化，与前缘砂类似，具有反韵律特征；滑塌沉积物再搬运时未完全液化即沉积下来，旋回性不明显，岩石粗细混杂，与经典浊流沉积不同；鄢继华等（2008）提出三角洲前缘前方的主滑塌体，受各种触发机制的影响会沉积在前缘斜坡的坡脚处，往往与前缘斜坡砂体在垂向上相互叠置，并不能将主滑塌体沉积作为独立的浊积体来分析；李宇志等（2012）提出三角洲前缘斜坡砂体在自身重力、构造运动、水动力等多种因素的影响下，这些尚未完全固结的沉积物发生内部破裂、滑动等作用，沿着斜坡下滑并在前缘斜坡坡折处形成滑动浊积岩沉积。

综上所述，目前国内对三角洲前缘坡移扇尚无统一的定义，其定义的方式主要包括以下几个方面：（1）根据有无固定水道来划分，把坡移扇划分为内扇、中扇和外扇亚相。（2）根据基准面旋回对滑塌浊积岩的控制作用来划分，认为在中期基准面上升早期形成的重力流沉积体系为滑塌浊积扇。（3）从重力流沉积物的形成过程或展布范围角度分析，认为典型浊积岩的形成经历了岩崩、滑动、滑塌、块体流、流体流和浊流的演化过程，在中间过程中可形成滑移体，且主要分布在块体滑塌区。

1.1.2 坡移扇的形成机制及主控因素

1）坡移扇的形成机制

重力流沉积的形成往往需要以下基本条件：足够的水深、足够的坡角、充沛的物源和一定的触发机制，三角洲前缘亚相具备了一定的水深，在三角洲沉积体系中，通常存在三个地形坡折点，即顶积层与前积层之间的转折点、三角洲前缘斜坡与前三角洲沉积之间的转折点、三角洲沉积体系与正常湖泊沉积作用之间的转折点，其中前缘斜坡的地形坡度最大(操应长，2007)。而三角洲的形成本身代表了存在充足的物源，因此，三角洲坡移扇形成条件主要集中在触发机制的研究和沉积物搬运过程中的支撑方式。

鄢继华(2004)通过多期实验模拟对三角洲前缘滑塌浊积岩的形成过程和成因机制进行了探讨，认为在地震和波浪等外界触发条件下，以及无外界触发机制下均可形成三角洲前缘滑塌浊积岩；李趁义(2005)认为无触发机制下，三角洲前缘主河道河口区的压实沉陷作用是导致滑塌的根本原因；地震作用是滑塌浊积体形成的主要触发机制之一。地震作用下，三角洲前缘发生液化滑塌和断阶滑塌两种类型，波浪作用之后，三角洲前缘被改造形成环带状分布的液化沉积区；陈永红(2006)根据浊积岩成因的控制因素，可将三角洲前缘滑塌浊积岩划分为重力滑塌浊积岩、震积作用形成的滑塌浊积岩、波浪作用形成的滑塌浊积岩、湖水动力及洪水作用形成的滑塌浊积岩和与沉积底形相关的砂岩透镜体等 5 种类型；王居峰(2003，2004)、Cross 等(1998)、邓宏文(1995)认为：向湖盆方向，湖水动力及洪水作用等可对基准面下降期的三角洲前缘及三角洲平原沉积物进行侵蚀冲刷，致使大量沉积物沿湖盆边缘斜坡带发生坡移，当与地形坡折背景相配置时，可以在深水湖区发生再沉积作用形成坡移扇。

三角洲前缘坡移扇形成、搬运过程中的流体支撑机制主要存在两种观点：根据沉积物重力流的流体机制，滑塌浊积岩都要经过滑移沉积、滑塌沉积、液化沉积、深水浊流沉积四个阶段(陈永红，2006；李趁义，2005)，坡移扇属于滑坡或块体流中的岩屑流；另外一种重力流沉积的最新观点，认为坡移扇是一种特殊的砂质碎屑流，代表在黏性与非黏性碎屑流之间的连续作用过程，从流变学的特征看属于宾汉塑性流体，具有分散压力、基质强度和浮力等多种支撑机制(王德坪，1987；邹才能，2009；李相博，2011)，属于一种特殊的宾汉塑性流体。

2)坡移扇形成的主控因素

国内外文献中尚未见关于坡移扇形成的主控因素的报道，国内与此相关的研究主要集中在三角洲前缘滑塌浊积岩形成的控制因素等方面。鄢继华(2004)、陈永红(2006)认为控制三角洲前缘滑塌浊积岩的形成和分布特征的因素主要包括外界触发机制、沉积物组成及特征、三角洲前缘之前的沉积底形、湖平面的升降以及物源供应的沉积物量等；李相博(2011)认为砂质碎屑流空间分布主要受深水坡折带控制，且陡坡与缓坡分布模式明显不同，前者大致平行于坡折带(湖岸线)

分布，后者垂直于坡折带（湖岸线）分布；韩忠义（2008）认为断层几何特征是控制浊积岩的重要因素，具体表现为凹扇耦合现象，即断层向上升盘弯曲的地方在下降盘一般对应着浊积砂体；李趁义（2005）通过实验分析认为控制三角洲前缘滑塌浊积岩形成和分布特征的要素主要包括外界触发机制、沉积物组成及特征、三角洲前缘之前的沉积底形、湖平面的升降以及物源供应的沉积物量等。

研究表明，外界触发机制是形成滑塌浊积岩的重要条件之一。三角洲在发育过程中多是以一个稳定的状态不断生长，除了主沟道的改道会引起前缘发生压实沉陷外，只要物源的沉积物组成不变，三角洲基本上有稳定的形态和固定的前缘斜坡角。外界触发机制可以破坏三角洲的这种稳定状态，诱使前缘产生滑塌。沉积物的组成、特征及含量主要决定了三角洲的沉积特征和形态，从而间接地影响了三角洲前缘滑塌浊积岩的形成和发育特征。碎屑岩的粒度组成决定了三角洲前缘斜坡角的大小，同时对三角洲前缘稳定性的抗破坏能力也有很大的影响。一般来说，含泥岩或泥岩夹层的前缘斜坡的坡角要比不含或少含泥岩的前缘斜坡的坡角小；三角洲前缘沉积物粒度越粗，则斜坡角越大。此外，泥质沉积对三角洲前缘的稳定性有加固作用，其可以增强前缘的抗破坏能力，因此，发生滑塌的三角洲前缘往往是以砂岩沉积为主。三角洲前缘前方沉积底形的特征可以决定三角洲前缘滑塌浊积岩运移的方向和沉积的位置。湖平面的升降控制了湖盆内可容空间的变化，因而也影响了三角洲主体的发育，在湖平面上升的情况下，三角洲退积生长为主，平原根部厚度显著增加，向湖盆内进积速度减慢，剖面上加积层理相对发育，前积层理不发育；在湖平面下降的情况下，三角洲不断向湖盆内进积，平原沉积物被平原沟道一并携带至三角洲前缘，沉积厚度减薄，剖面上前积层理发育，加积层理不发育。

1.1.3 坡移扇的地质与地球物理预测

操应长（2007）提出前缘斜坡的坡度决定了前三角洲外侧坡度转折点的位置，坡度越大，转折点越靠近前缘斜坡带，结合东营三角洲的精细解剖分析，建立了两者之间的定量关系式；李宇志等（2012）认为三角洲前缘滑塌浊积岩的发育厚度 h（m）与三角洲前缘的砂体厚度 H（m）、斜坡坡角 α（°）、砂岩百分含量 x（%）及滑移距离 s（m）存在定量关系，通过单因素关系探讨、多因素综合分析的方法，得到预测前缘滑塌浊积体的数学模型。

滑塌浊积岩的地球物理预测方法主要包括以下两个方面：（1）优选多属性聚

类分析，该方法可有效分析地震相的变化情况，从而有效地预测地下地质情况的变化，准确地预测坡移扇的有利发育区带。(2)测井约束反演技术，通过测井约束反演技术可以提高地震剖面的分辨率，为坡移扇的精细描述提供有力的依据，同时提高岩性体描述的准确性(韩文功，2001；王金铎，2003；刘彤滨，2008；贾光华，2009)。

综上所述，三角洲前缘滑塌浊积岩储层地震综合评价工作的基本思路是：从已有地震资料出发，分析浊积岩的发育层段，研究其反射特征，并与钻井、测井资料中的相应岩性加以对比，运用各种物探新技术进行正反演处理，以便最终进行储层的几何形态描述，确定储层的深度、厚度、空间展布，准确评价储层。

1.1.4 坡移扇的含油性与油气富集规律

含油砂体是多个地质要素在多种地质过程的综合作用下，形成的一种复杂地质体。前人研究表明，砂体能否成藏，受控于多种地质因素，如沉积相带、储层物性、储层孔隙结构、储层非均质性、排烃强度、盖层厚度、圈闭距排烃中心的距离、圈闭位置的流体势等。李丕龙等(2004)和王永诗(2007)提出了油气成藏的“相”“势”耦合理论，将上述的一系列砂体含油性控制因素归结为“相”和“势”两方面，该理论认为流体势的大小与沉积相带的耦合决定储层含油性，即流体势越大，储层物性越好，含油性越好。对砂体含油性的预测，前人做了大量的研究工作，按照预测的思路和技术方法的不同，可分为三大类，分别为地球物理方法、地质定性对比和地质定量预测方法。

地球物理方法主要是基于地震资料的含油气检测技术。前人分析认为，与储层中含油气异常有关的地震属性包括瞬时相位、反射强度中值滤波能量、平均振动能量等近30种。在实际操作中，必须先对敏感属性进行优选。该方法因地震资料分辨率有限且对地震资料品质要求较高，在砂体含油性预测中运用较少。

地质定性方法主要是从与砂体成藏相关的几个因素出发，通过综合对比分析，对不同地区、不同类型的砂体含油性进行定性判断和预测，如陈秀艳等(2010)对三角洲–浊积岩体系中发育的几种岩性体通过距油源远近、砂体物性、圈闭条件等三方面的对比认为，滑塌浊积扇和部分远源浊积岩其含油性要优于坡移堆积体和水下碎屑流。

含油性定量预测方面，前人针对不同地区、不同圈闭类型做过很多研究工作。孙红蕾(2008)从岩性油气藏的砂体类型、埋藏深度、发育层位及构造部位等方面，分析了深水浊积扇、浊积岩和近岸水下扇的“相”控藏特征，从“相—势”耦合的角度出发，分别总结了影响“相”与“势”的参数，利用11种参数建立岩性油藏的油气充满度预测方法。比较具有代表性的，如张俊等(2005)将含油性控制因素归结为生排烃、储集、运聚和保存4个子系统，对砂体埋深、沉积微相等13个地质参数进行定量统计或赋值，在此基础上，通过多元线性回归，分别建立了孤立砂体及断层沟通砂体的油气充满度预测公式。该成果从岩性油藏的形成机理方面入手，选择了主控因素进行量化，对含油性进行定量预测，思路清晰、方法合理、推导缜密，可作为该方面研究的一个范本。但该方法涉及的地质参数多、过程复杂，在油田实际生产部署中可操作性差，很难推广应用。

1.2 东营凹陷岩性油藏研究进展

中国东部地区的大部分陆相盆地已进入高勘探成熟期，勘探重点由构造油气藏转为隐蔽油气藏。就东营凹陷而言，2000年以来所上报的探明储量中，纯构造类油藏所占的比例已远远小于隐蔽油气藏，而隐蔽油气藏中60%以上为岩性油气藏。截至目前，洼陷带浊积岩作为东营凹陷一种重要的岩性油气藏类型，已累计上报探明石油地质储量2.6×10^8t，是胜利探区储量增长和勘探开发的重要油气藏类型。前人对东营凹陷浊积岩成藏方面的研究多从生、储、盖这三大成藏静态地质要素出发，对其进行论述，认为东营凹陷古近系沙河街组沉积时期，具有良好的生、储、盖条件，空间上具有良好的组合关系，形成了多种浊积成因的岩性油气藏，还总结了“自生自储”“下生上储”等多种成藏模式。苏永进等通过多角度分析认识到了东营凹陷四大洼陷浊积型砂体发育和成藏的共性和差异性，指出浊积岩体系、地层压力、层序地层和断裂体系的发育特征是控制东营凹陷四大洼陷浊积砂体油藏形成及其差异性的主要因素。刘震等认为岩性圈闭能否成藏主要受4个主控因素的制约：油气运移通道、流体动力条件、储层物性条件、砂体的封闭条件。张善文、李丕龙等在研究济阳坳陷岩性油气藏时提出了“相—势”控藏理论，认为油源充足的情况下含烃流体动力和储集岩性、物性是决定油气是否成藏的基本要素。

1.3 存在问题及发展趋势

1.3.1 目前陆相断陷湖盆重力流沉积理论面临新的挑战

深水重力流研究与三角洲、河流沉积相研究相比起步较晚。大洋中高密度流冲断海底电缆引起学者的注意。1948 年，Kuenen 提出海底峡谷可能由高密度流侵蚀形成，并于 1950 年发表《浊流形成粒序层理》一文，是重力流理论研究的开端。20 世纪 50 ~ 70 年代是重力流沉积模式的建立时期，不断有学者提出新的深水沉积模式，其中有影响力的为鲍马序列与约克综合扇模式。Walker 把 Nornak 现代扇模式和 Mutti 古代海底扇的相概念结合起来，提出的综合扇模式由于其预测能力在油气勘探上受到重视。随着人们对深水沉积认识的深入，有学者撰文质疑鲍马序列和扇模式，并指出现代扇系统和古代扇系统比人们认识的要复杂。1994 年美国石油地质家协会联合科罗拉多矿院、斯坦福大学、Exxon 公司等多家单位考察 Ouachit 山深水沉积剖面并各抒己见，其中 Shanmugam 提出的砂质碎屑流概念及实验具有深远意义。国内学者对深水重力流的研究很多，如吴崇筠根据浊积砂体在湖盆中所处的位置和形态，将湖相浊积岩体系归纳为 6 种成因类型。基于对东部断陷盆地的研究，认为湖盆陡坡带边界大断层的下降盘广泛发育近岸浊积扇体；湖盆缓坡带广泛发育供给水道的远岸浊积扇，两种扇体可细分为内扇、中扇与外扇三个相带。此后学者对于深水重力流的相带划分有不同理解，分别运用远源与近源、薄层与厚层、粗粒与细粒、典型与非典型、坡移与滑塌等专业术语进行描述和分类。沉积学界对于重力流沉积的认知程度存在差别，总体来说可概括为以下两个方面：浊积岩的内涵与鲍马序列重新解释。深水重力流根据其沉积物支撑机制可分为颗粒流、沉积物液化流、碎屑流与浊流。有学者将这 4 种重力流沉积物统称为浊积岩，事实上浊积岩只是浊流沉积的产物。浊流是一种紊流支撑的悬浮搬运，其沉积物表现为沉积颗粒的顺序排列，即粒序层理，换句话说，鲍马序列是深水沉积的岩相组合，包含多种流态的沉积物，只有粒序层理是鉴别浊流的标志。在浊流理论逐渐更新的过程中建立的砂质碎屑流概念是对重力流理论的部分否定与补充，浊流与砂质碎屑流理论共同解释深水沉积物则更加准确和完善。

总体来看，国内学者出于研究实用性的考虑，对深水重力流的研究集中于沉积的环境、相带划分与含油性三个方面，而对深水重力流的流动机制研究涉及较少，且随着陆相断陷湖盆三角洲－浊积岩体系的勘探，这种主要发育于三角洲前缘的坡移扇逐步引起人们的重视，是高勘探成熟区增储上产的重要类型之一。其形成不能用传统的浊流理论来解释，利用浊流理论建立的地质模型不能有效地指导勘探。我国东部陆相断陷湖盆勘探成熟区的深化勘探对经典的湖相深水重力流沉积理论提出了挑战。

1.3.2 东营凹陷亟待解决的主要问题

通过近 50 年的研究，东营凹陷已处于高成熟勘探阶段，该阶段的要求之一是需要建立精细的地质模型。沙三段沉积时期是东营凹陷的断陷鼎盛期，广泛分布着不同物源体系的三角洲沉积，在其前方大规模发育各类浊积岩。受深湖相重力流沉积理论体系和地质模型不完善等因素的制约，浊积岩油藏充满度差异大，含油性预测难度大，浊积岩岩性油气藏的勘探成功率偏低，东营凹陷的勘探实践表明，沙三段三角洲－浊积岩体系中广泛发育一种沉积特征更加接近三角洲前缘的坡移扇砂体，运用传统的沉积物重力流理论较难准确描述。而且具有典型鲍马序列的浊积岩所占的比例并不高，这种发育于三角洲前缘附近，在纵向上互层叠置的坡移扇越来越引起人们的注意，是下步三角洲－浊积岩体系的重要增储类型。

1）针对坡移扇形成机制的研究较少，其形成主控因素不清

在东营凹陷三角洲前缘滑塌浊积岩理论的研究过程中，坡移扇的概念被逐步提出，邓宏文（1995）认为：向湖盆方向，湖水动力及洪水作用等可对基准面下降期的三角洲前缘及三角洲平原沉积物进行侵蚀冲刷，致使大量沉积物沿湖盆边缘斜坡发生坡移，当与地形坡折背景相配置时，可以在深水湖区发生再沉积作用形成坡移扇。该概念的提出强调了基准面旋回对坡移扇和滑塌浊积岩的控制作用。目前，勘探实践认为东营凹陷沙三段深水环境主要发育滑塌浊积岩和坡移扇两种类型，坡移扇最典型的特征即不具有鲍马层序，而具有三角洲缘的沉积特征，即反旋回的特征，地震剖面上多位于三角洲体系中的前积层内部。

目前理论研究和勘探实践，对坡移扇形成机制的研究较少，缺少系统的定义和精细的地质模型，对其形成的主控因素不清，严重制约了对其准确的评价预测。具体问题包括以下 4 点：（1）坡移扇和滑塌浊积岩的区分。（2）坡移扇形成

条件及触发机制。(3)坡移扇搬运过程中的流动支撑机理。(4)坡移扇形成的主要控制因素。

2)坡移扇的含油性差异大，制约勘探部署

目前，坡移扇和滑塌浊积岩在扇体预测和勘探部署中区分度较小，两者之间的差别尚未较好地应用或体现在三角洲浊积岩勘探中，因此，表现为浊积岩含油性差异大，含油性预测难度大。因此，精细剖析坡移扇和滑塌浊积岩在形成机制上的差异，建立精细的地质模型，在此约束下建立一套有针对性的地质和地球物理综合预测方法成为坡移扇含油性预测的基础。在精细地质模型的指导下，运用最新的成藏理论，剖析坡移浊积岩的成藏主控因素，建立针对性的含油性预测模式，对指导勘探具有重要的意义。

2 坡移扇地质模型及识别标志

坡移扇指的是断陷湖盆宽缓的斜坡背景下，物源充沛、快速进积的三角洲，其前缘朵叶体在压实沉陷、地震、湖水动力及洪水作用等因素影响下发生断裂，在重力作用下向前滑动、滑塌、碎屑流化，转化为浊流之前在合适的古地形背景下堆积形成的岩性体，具有单层厚度较大、多期叠置、叠合连片等特点。通过野外露头观察与系统岩心观察相结合的手段，对坡移扇的地质模型展开研究，并从半塑性流体内部受力分析入手，建立了坡移扇在纵向上的序列模式，并从多个角度对比了各种湖相重力流成因砂体及三角洲前缘的沉积特征，明确了坡移扇的识别标志，建立了识别模板。

2.1 坡移扇的成因地质模型

2.1.1 湖相重力流成因类型

重力流属于块体流的一种。纳丁等(Nardin，1979；Kruit，1975)对块体流进行了分类，并认为从岩崩、滑坡、块体流到流化流，在力学性质上均可构成弹性、塑性、黏性块体运动过程的连续统一体。重力流的分类标准有很多，赵澄林等(1991)对沉积物重力流按物源、机制、组构和形态进行了分类(表2－1)，除此之外，按其沉积环境可分为陆上重力流(可形成冲积扇等)、水下重力流(可形成各种湖底和海底重力流沉积)和过渡型重力流(可形成扇三角洲)。东营凹陷古近系沙三段沉积时期以湖相沉积为主，沉积物类型受北断南超的基底控制明显，北部陡坡带多发育近岸水下扇－深水浊积扇体系，南部缓坡带发育深水浊积扇、三角洲及其前方衍生的坡移扇－浊积岩体系(图2－1)。

表 2 – 1　沉积物重力流的分类汇总

划分标准	分类				
按物源	陆源碎屑型	碳酸盐碎屑型	火山碎屑型		
按机制	洪水型	滑塌型	火山喷发型		
按组构	泥石流	碎屑流	颗粒流	液化沉积物流	浊流
按形态	扇形体系	沟道和槽谷体系	层状或带状体系		

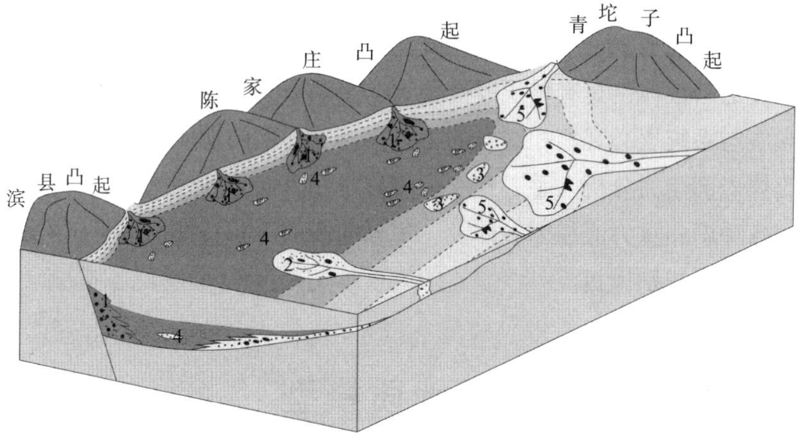

图 2 – 1　东营凹陷沙三段重力流砂体沉积模式立体图
1—近岸水下扇；2—远岸浊积扇；3—坡移扇；4—浊积岩；5—三角洲

东营凹陷的重力流成因砂体主要包括近岸水下扇、深水浊积扇、远岸浊积扇、坡移扇及浊积岩等。从东营凹陷沙三段重力流砂体沉积模式剖面图来看，重力流成因砂体一般发育于正常浪基面之下，相对稳定的水体环境为砂体的保存提供了有利的条件。从发育的宏观地质背景来看，近岸水下扇发育于北部陡坡带，在断阶处物源充足时可伴生深水浊积扇体系；远岸浊积扇、坡移扇和浊积岩一般发育于缓坡带。从成因机制上看，近岸水下扇和远岸浊积扇属于一次性沉积；而深水浊积扇、坡移扇及浊积岩属于二次沉积，其中坡移扇和浊积岩是三角洲前缘朵叶体在洼陷斜坡不稳定的沉积背景下发生滑动、滑塌而衍生的体系，其母源即三角洲前缘朵叶体（图 2 – 2）。

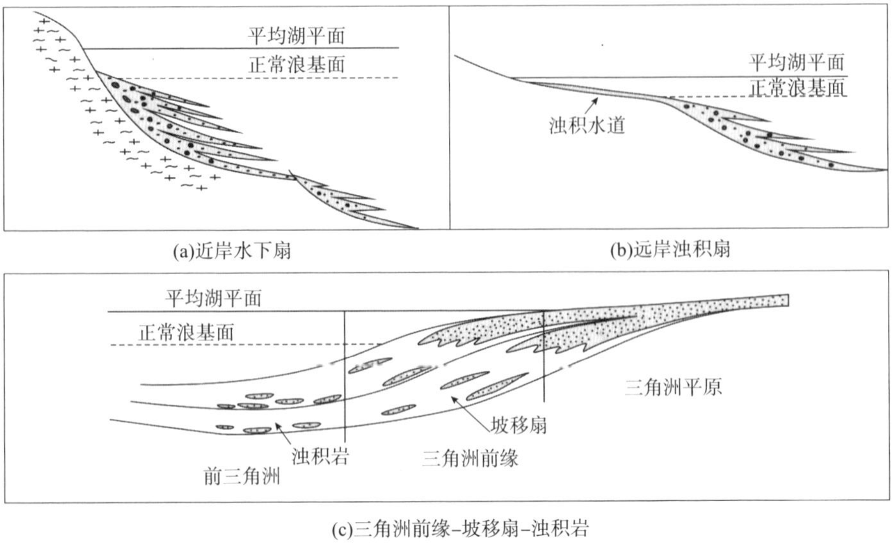

图 2-2 东营凹陷沙三段重力流砂体沉积模式剖面图

2.1.2 坡移扇的野外露头特征

为了弥补三角洲-坡移扇-浊积岩砂体研究中缺乏模式指导的不足，以目前可对比性最大的灵山岛下白垩系莱阳组软泥沉积物及胶莱盆地地震成因砂体野外露头研究为参考，寻找坡移扇砂体发育的野外证据，通过与岩心观察实例对比，明确坡移扇砂体的沉积特征及发育分布规律，建立坡移扇砂体的识别标准。

灵山岛地理位置处于山东省胶南市黄海海域，总面积 7.66km^2，海拔 513.60m，是我国北方第一高岛。其距最近的陆地大珠山 9.82km，距积米涯 16.67km(图 2-3)。由于远离大陆，交通不便，过去很少有关灵山岛的地质考察文献。灵山岛沉积环境尚有争议，吕洪波等(2011，2013)认为当时扬子、华北两大板块之间未完全拼合，其间存在条带状残余洋盆。钟建华(2012)则认为灵山岛沉积岩属于板块内部陆相三角洲沉积。笔者分别于 2014 年 7 月、9 月开展两次野外地质考察，重点对灵山岛的千层崖剖面、老虎嘴剖面、灯塔剖面、船厂滑塌剖面以及胶莱盆地莱阳群标准剖面进行了踏勘，对于野外露头的沉积相标志及构造现象进行了详细的观察。

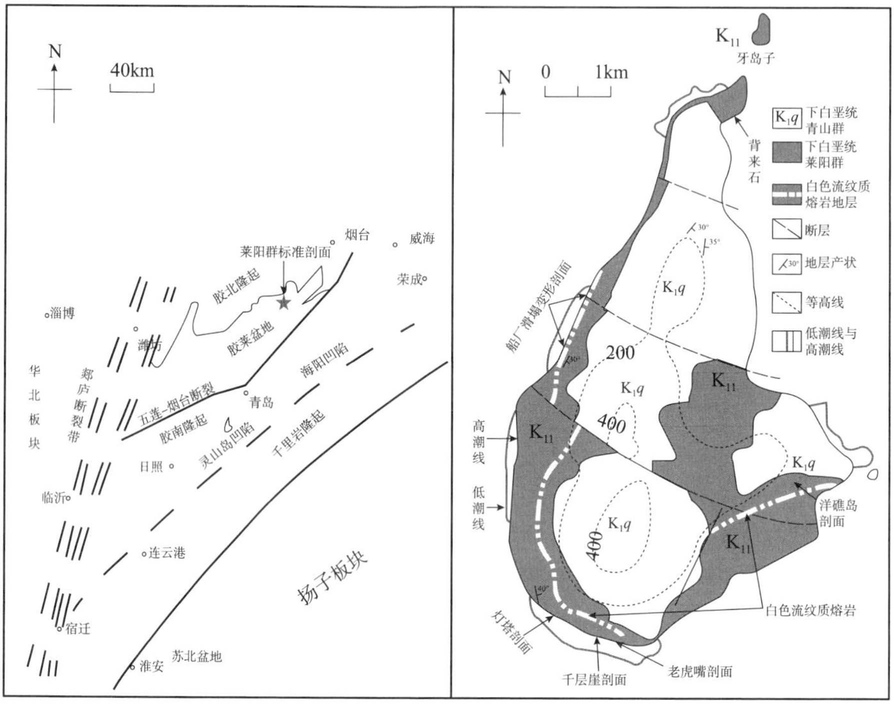

(a) (b)

图 2－3 灵山岛区域概况及灵山岛地质简图(据王安东，2010)

野外地质考察过程中发现典型坡移扇沉积的野外露头剖面有两条，一条是胶莱盆地的源水夼北—止凤庄南的短距离坡移剖面，另一条是灵山岛的船厂剖面。

源水夼北短距离坡移砂体沉积剖面位于源水夼村北 309 国道的一侧，由于长期暴露，经受日晒、风吹、雨淋，风化程度相对严重，整体颜色为偏土黄或黄灰色的次生色，但层理构造依然清晰可见(图 2－4)，1.2m 左右的露头宏观上可划分为两层，其中底部为滑动变形层段(A)，厚度约 40cm；上部为刚性层(B)，厚度约 80cm，刚性层又可以划分为 3 个期次。从 3 期刚性层来看，发育大型槽状交错层理和波状交错层理，结合宏观沉积背景，推测为漫湖三角洲沉积；底部的变形层，可见明显的准同生变形构造，层理复杂多变，滑移前形成的槽状交错层理被挤压揉皱变形，形成漂亮的火焰图案，该准同生变形构造是坡移扇发生横向短距离搬运的直接证据。

图 2－4　胶莱盆地源水夼北短距离坡移沉积野外露头剖面

另一条典型的坡移扇沉积野外露头剖面是灵山岛的船厂剖面（图 2－5），宏观上看，剖面整体上亦可划分为两层，底部滑移变形层发育各级别的滑塌褶皱，上部刚性层中三角洲前缘朵叶骨架砂体保持完好，与其下覆变形层形成鲜明的对比。该现象用 Shanmugam 提出的现代海底滑塌席可以很好地解释，上坡方向是滑脱区的张性滑移面，下倾前缘带底部为挤压褶皱和逆冲作用形成的准同生变形构造。在滑移变形层内部，自底部滑移接触面至骨架砂体之下各部分所受作用力不同，自下而上依次发育泥质角砾岩、滑塌变形构造和拉伸作用下形成的粒序断层和布丁构造（图 2－6）。

图 2－5　灵山岛船厂坡移扇沉积野外露头剖面

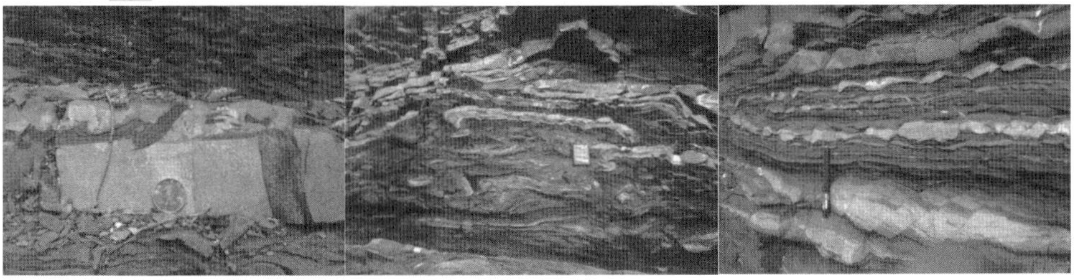

(a)泥质角砾岩　　(b)滑塌变形　　(c)粒序断层、布丁构造

图 2－6　灵山岛船厂坡移扇野外露头典型沉积特征

2.1.3　坡移扇的垂向序列模式

坡移扇属于块体搬运，搬运过程中是塑性体，塑性体在坡面上，其底部受到的上部重力沿坡面的分力 τ 必须大于其抗剪强度 τ_B，才能产生一个层流段发生流动，如果 $\tau \leq \tau_B$，则是固体，不产生流动。如图 2－7(a)所示，整个块体都是刚性的，滑移面上的剪应力小于岩屑的屈服强度，无流动发生；只有当滑移面上的剪应力大于岩屑的屈服强度时才发生流动，流动的上部是刚性的，底部是剪切层；上部是径流，下部是层流。块体内部由于力的传导作用及块体的非均质性，在薄弱部分可形成二次滑移面[图 2－7(b)]，搬运过程中层流段受力后，在强度薄弱部分(泥质团块)产生的滑动变形都被作为化石保存下来，成为特征性的沉积构造和重要的鉴别标志。

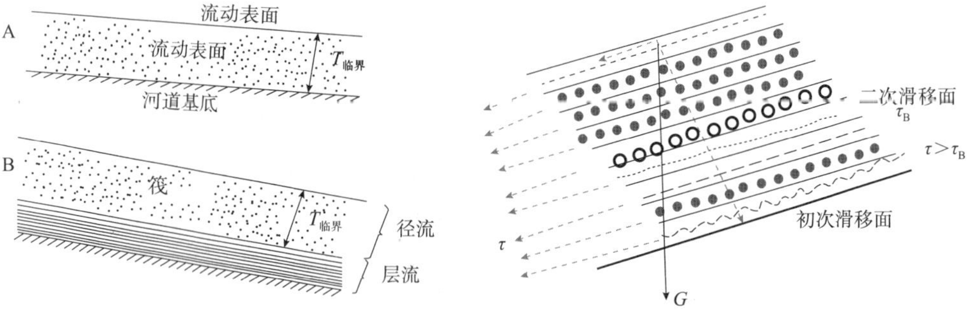

(a)块体搬运触发受力分析模式图　　(b)块体搬运内部受力分析模式图

图 2－7　块体搬运受力分析模式图

在岩心观察和野外露头对比相结合的基础上，从坡移扇形成过程中的受力分析入手，建立了坡移扇纵向上的序列模式。坡移扇砂体在纵向上具有特殊的序列

模式，完整的坡移扇沉积在纵向上可划分为5段，自下而上依次为暗色泥岩段、滑移变形层段、拉伸变形层段、前缘残留层段以及块状碎屑流段(图2－8)。各层段均具有明显的差异及识别标志，或反映了坡移扇的沉积环境，或反映了坡移扇内部不同的受力情况及搬运过程中的流体演化程度，具体特征如下。

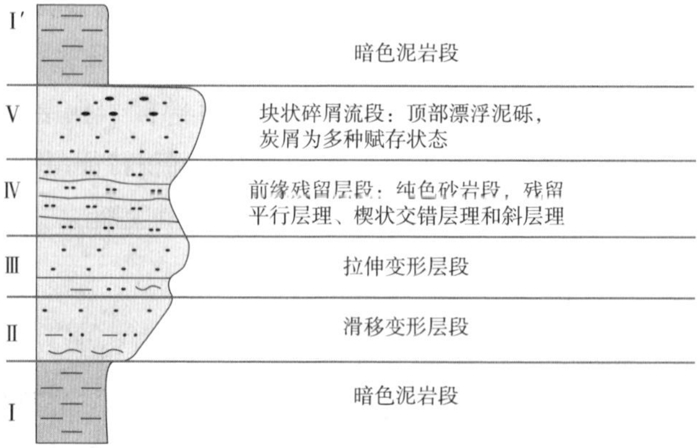

图2－8　坡移扇砂体纵向序列模式

1)暗色泥岩段

坡移扇砂体的顶底为暗色泥岩段，反映了坡移扇一般发育于深水环境，且一般为相对孤立的岩性体。在坡移扇的内部亦会存在红褐色泥岩或泥质条带(图2－9)，反映的是坡移砂体搬运之前的浅水沉积环境，这种反映深水环境的

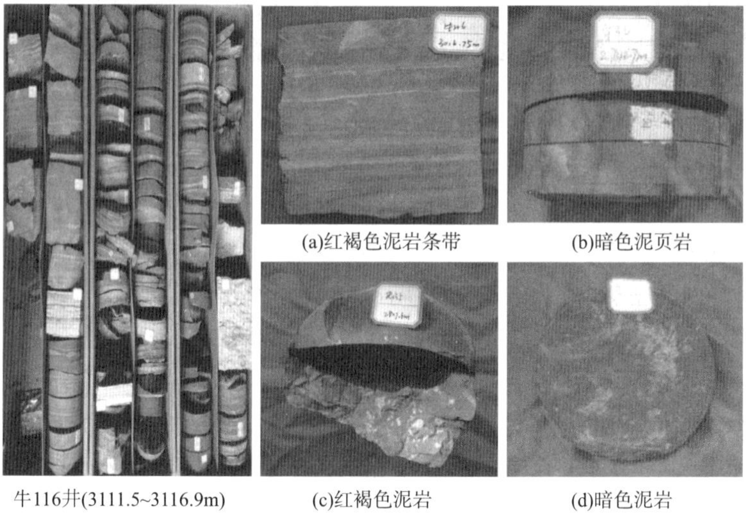

图2－9　坡移扇暗色泥岩段岩性特征

暗色泥岩和反映浅水环境的红褐色泥岩间互，是鉴别坡移扇宏观沉积背景的一个重要标志。

2）滑移变形层段

滑移变形层段紧邻底部的暗色泥岩段，是坡移扇滑动的滑移面，是坡移扇鉴别标志最明显的层段，根据滑移距离远近，其沉积特征存在差异。

（1）滑移变形早期。

滑移变形早期，由于距离相对较近，岩心以底部泥岩撕裂屑（或泥质角砾岩）、滑脱断层、液化砂岩脉和砂质注入体等为主要沉积特征（图2－10）。其中，液化砂岩脉和滑塌角砾岩是差异压实作用的产物，而滑脱断层、泥岩撕裂屑和砂质注入体等沉积构造是水平滑移作用的地质记录。

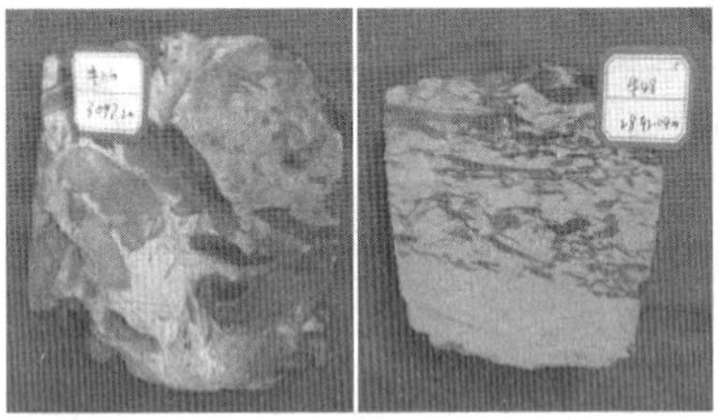

(a)泥岩撕裂屑

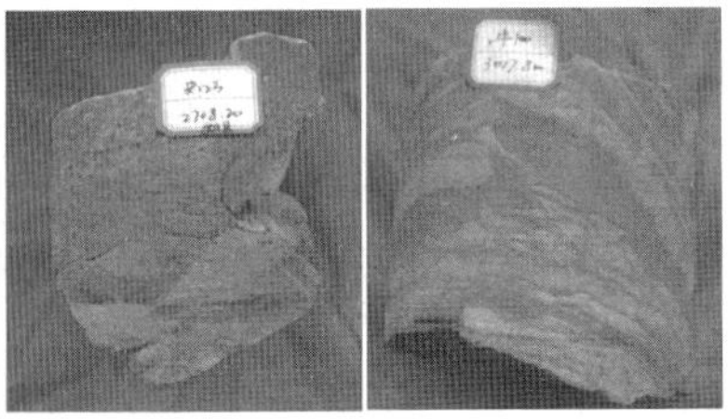

(b)滑脱断层

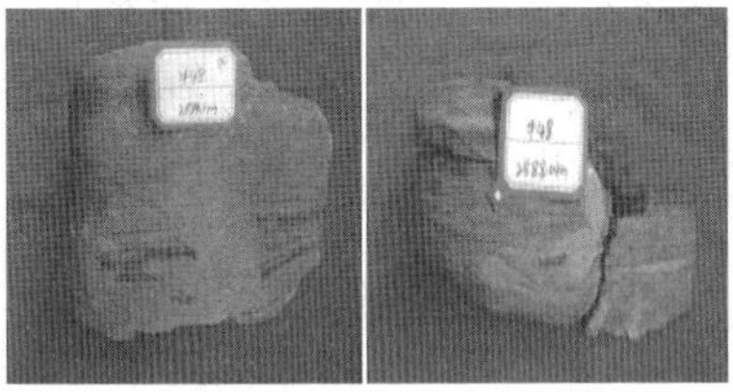

(c)液化砂岩脉

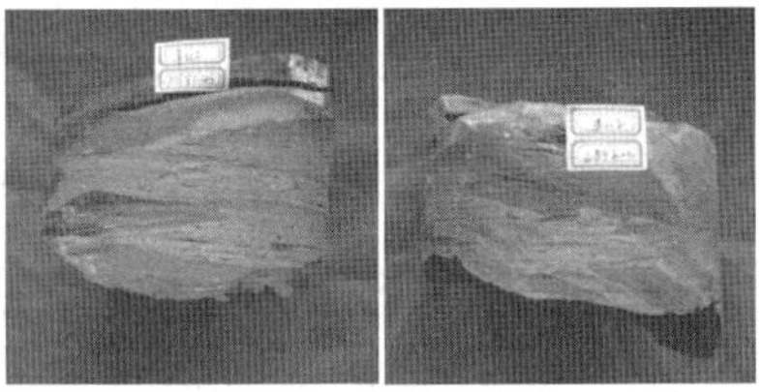

(d)砂质注入体

图2－10　滑移变形早期岩心特征

在野外露头上，砂泥岩接触面上亦可见大量泥岩撕裂屑或泥质角砾岩，层面上撕裂屑富集，成层性好［图2－11（a）］，且撕裂屑富集的层段有一定的厚度，可达5～20cm，部分泥砾或撕裂屑经受海水的侵蚀而被溶蚀［图2－11（b）］，底部泥岩层内部砂质球枕发育，球枕形态多样，如雨滴状、椭球状［图2－11（c）、（d）］，有的保持了下落的轨迹。

（2）滑移变形中期。

滑移变形中期，塑性体在合适的沉积背景下，继续滑动、滑塌，因此，底部的滑移变形层变形更加强烈，早期形成的泥岩撕裂屑进一步改造，岩心中以包卷

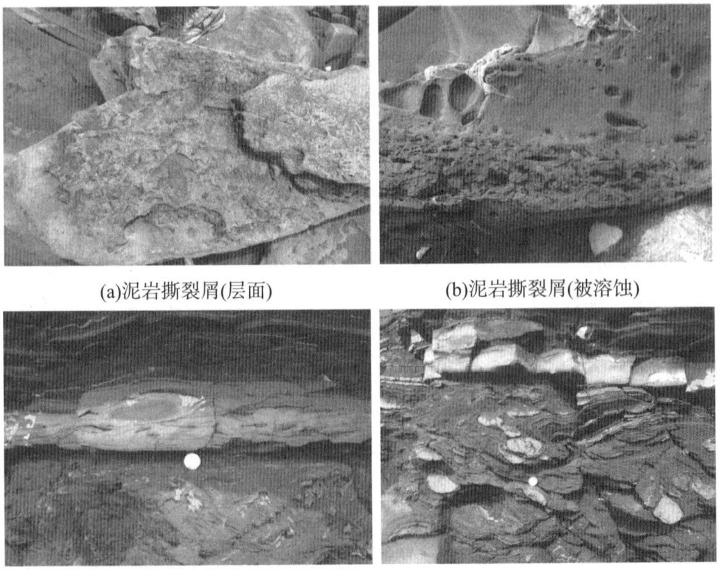

(a)泥岩撕裂屑(层面)　(b)泥岩撕裂屑(被溶蚀)

(c)雨滴状球枕构造　(d)椭球状球枕构造

图 2－11　滑移变形早期露头特征

层理、滑塌变形构造和搅浑构造等为主要沉积特征，准同生变形构造特别发育，如流动成因褶皱、反映原始沉积环境的红色泥砾叠瓦状排列等(图 2－12)。

(a)包卷层理　(b)包卷层理与变形构造　(c)液化滑塌变形构造

图 2－12　滑移变形中期岩心特征

野外露头上可见不同级次的褶皱，有大型平卧褶皱、小型多级褶皱、微型平卧褶皱、杂乱褶皱等，这种平卧褶皱正是坡移朵叶底部滑移层整体被推覆挤压的结果，另外，包卷层理和滑塌变形构造极其发育(图 2－13)。

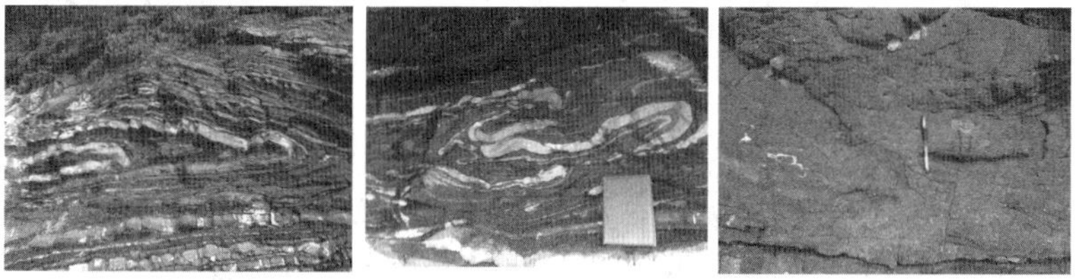

(a)大型平卧褶皱　　(b)小型多级褶皱　　(c)包卷层理

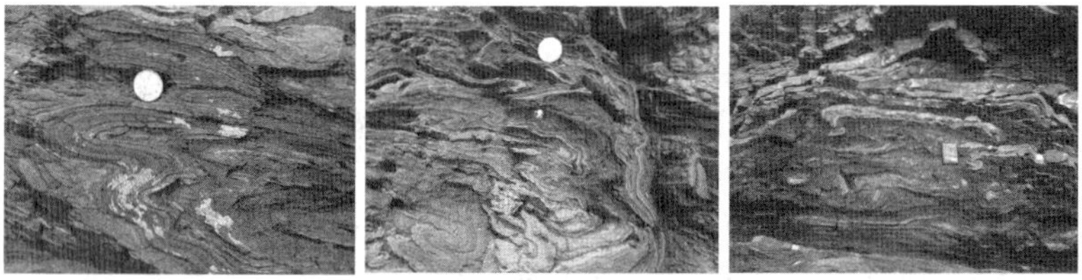

(d)微型平卧褶皱　　(e)微型杂乱褶皱　　(f)滑塌变形

图 2－13　滑移变形中期露头特征

(3)滑移变形末期。

滑移变形默契，半塑性流体从湖泊斜坡向下运动到坡脚处时，因其密度大于湖底泥质松软沉积物的密度，在湖底上有一个切入、钻入湖底沉积层的过程，以泥岩穿插和流动停滞现象等为主要沉积特征(图 2－14)。

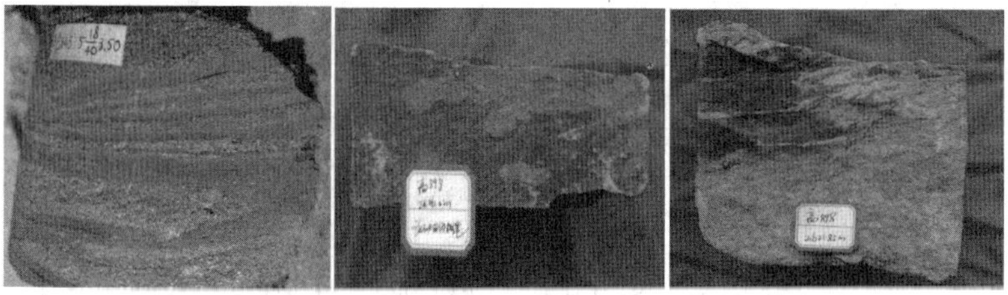

(a)碎屑流挤入油页岩　　(b)流动成因构造　　(c)泥岩穿插构造

图 2－14　滑移变形末期岩心特征

3)拉伸变形层段

滑塌变形层之上为拉伸变形层，拉伸变形层段以似布丁构造、香肠状平行纹层、透镜状砂体或环形层等为主要沉积特征(图 2－15)。在野外露头上，可见典型的粒序断层、布丁构造和石香肠构造(图 2－16)，这些现象都是半固结的沉积物在水平拉伸作用下的典型准同生变形构造，是坡移扇发生整体滑移的重要证据。

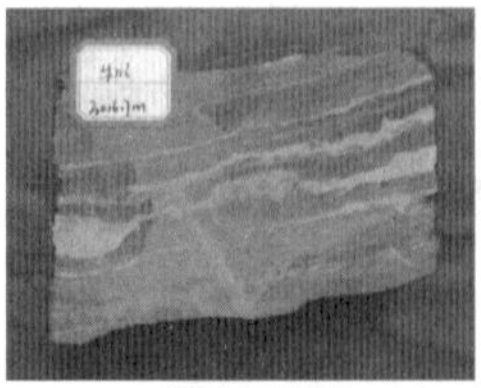

(a)似布丁构造

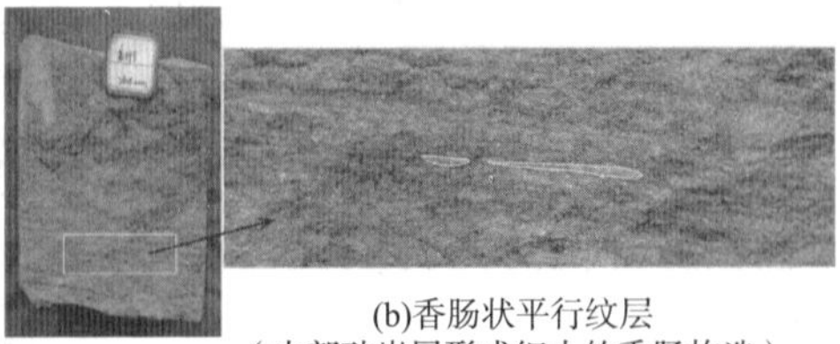

(b)香肠状平行纹层
（内部砂岩层形成细小的香肠构造）

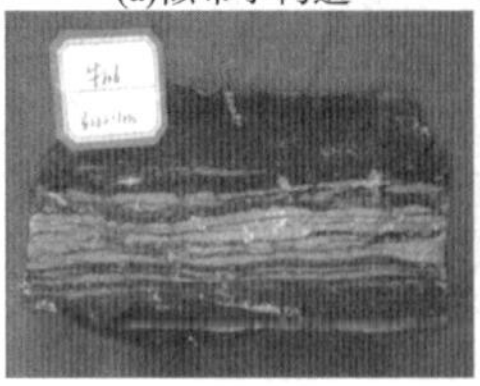

(c)二次滑移面

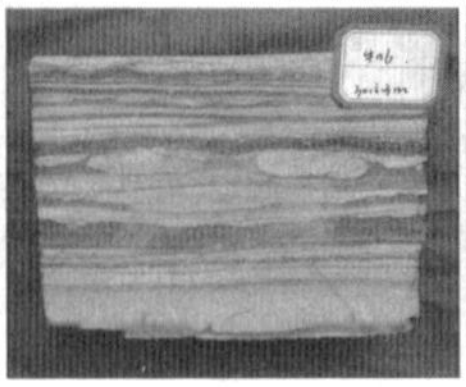

(d)环形构造

(e)透镜状砂岩

图 2－15　拉伸变形层段岩心特征

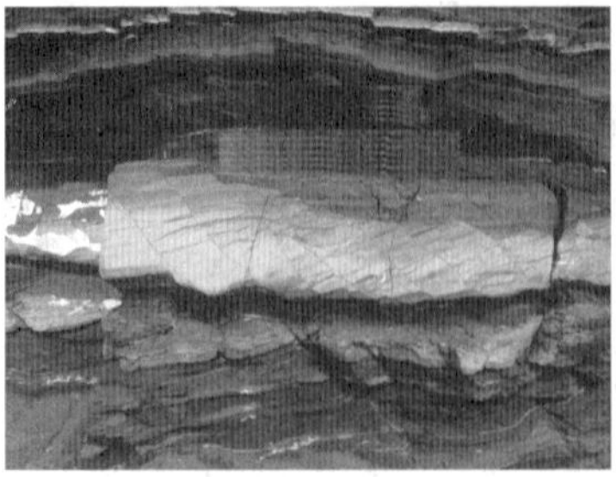

(a)粒序断层

(b)布丁构造

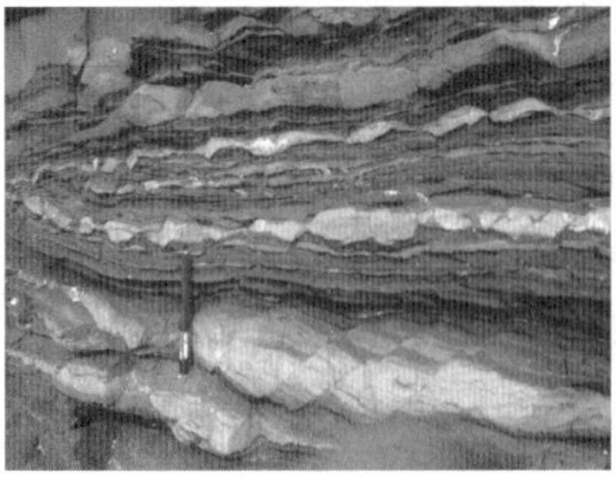

(c)叠置的粒序断层与石香肠构造

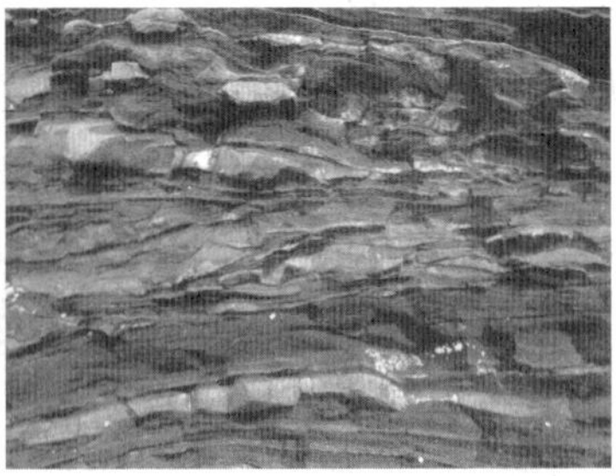

(d)石香肠构造

图 2－16　拉伸变形层段露头特征

4)前缘残留层段

三角洲前缘残留层位于拉伸变形层之上，属于整个滑移沉积体的核部，三角洲前缘的整体搬运过程中，层理被破坏，仍残存小型交错层理、平行层理或模糊的粒序层理(图 2－17)。三角洲前缘往往发育反映牵引流沉积特征的层理构造，如大型交错层理、平行层理以及槽状交错层理等。但在坡移扇砂体内，这些牵引流成因的层理构造很容易被破坏，如平行层理砂岩在搬运过程中转化为纯色块状砂岩，但油气充注时，仍按层面上的优势运移通道运移，因此，出现块状砂岩中顺层含油的特殊现象[图2－17(b)]。

(a)小型的交错层理　(b)平行层理顺层含油　(c)变形的粒序层理

图2－17　前缘残留层岩心特征

5)块状碎屑流段

三角洲前缘残留层之上是块状碎屑流段，坡移扇砂体中的碎屑流为砂质碎屑流，由于三角洲前缘朵叶的粒度较小、分选较好，因此，衍生的坡移扇－浊积岩体系的粒度亦较小，多发于砂质碎屑流或泥质碎屑流。砂质碎屑流一般表现为厚层纯色块状砂岩，砂岩中有漂砾，以红色泥砾为主，与泥岩撕裂屑和分散的炭屑集中分布，成层性好(图2－18)。砾石磨圆好，表明有一定的搬运距离。

(a)成层的撕裂屑与砾石　(b)块状砂岩中漂浮的红色泥岩砾石　(c)块状砂岩中漂浮的炭屑　(d)整体悬浮混杂的泥砾但具有定向性

图2－18　块状碎屑流岩心特征

2.2 坡移扇的识别标志

在坡移扇地质模型和沉积特征研究的基础上，多角度对比三角洲前缘－坡移扇－浊积岩砂体特征，建立了坡移扇的识别标志。

2.2.1 流体性质

从流体性质上区分，最易识别三角洲前缘、坡移扇及浊积岩，三角洲前缘是典型的牵引流沉积，而坡移扇与浊积岩为重力流沉积。按照纳丁(Nardin)的分类方案(图2－19)，坡移扇包含了滑坡中的滑动、滑塌以及块体流中的岩屑流；

<table>
<tr><th colspan="4">块体搬运作用</th><th>力学性质</th><th>沉积物搬运和支撑机理</th><th>沉积物构造</th></tr>
<tr><td colspan="4">岩崩</td><td rowspan="3">弹性</td><td>沿较陡的斜坡以单个碎屑自由崩落为主，滚动次之</td><td>颗粒支撑的砾岩，无组构，在开放网络中杂基含量不等</td></tr>
<tr><td colspan="2" rowspan="2">滑波</td><td colspan="2">滑动</td><td>沿不连续剪切面崩塌，内部很少发生形变或转动</td><td>层理基本上连续未变形，可在趾部和底部发生某些塑性变形</td></tr>
<tr><td colspan="2">滑塌</td><td>沿不连续剪切面崩塌，伴有转动，很少发生内部形变</td><td>具有流动构造，如褶皱、张断层、擦痕、沟模、旋转岩块</td></tr>
<tr><td rowspan="5">沉积物重力流</td><td rowspan="2">块体流</td><td colspan="2">岩屑流</td><td rowspan="2">塑性界限</td><td rowspan="2">剪切作用分布在整个沉积物块体中，杂基支撑强度主要来自黏附力，次为浮力，非黏滞性沉积物由分散压力支撑，高浓度时流体呈惯性，低浓度时流体呈黏性。一般发育在较陡的坡度</td><td>杂基支撑，随机组构，碎屑的粒级变化大，杂基含量不等，可有反向粒级递变、流动构造、撕裂构造</td></tr>
<tr><td>颗粒流</td><td>惯性
黏性</td><td>块状，长轴平行流向并有叠覆构造，近底部具有反向递变层理</td></tr>
<tr><td rowspan="3">流体流</td><td colspan="2">液化流</td><td rowspan="2">塑性
流体界限</td><td>松散的构造格架被破坏变成紧密格架，流体向上运动，支撑非黏性沉积物，坡度>3°</td><td rowspan="2">泄水构造、砂岩脉，火焰状—重荷模构造、包卷层理等</td></tr>
<tr><td colspan="2">流化流</td><td>孔隙流体逸出支撑非黏性沉积物，厚度薄(<10m)，持续时间短</td></tr>
<tr><td colspan="2">浊流</td><td>黏性</td><td>由湍流支撑</td><td>鲍马序列等</td></tr>
</table>

图2－19 根据力学性质划分的块体搬运类型(据Nardin，1979)

从沉积物搬运机制来看，沉积物沿不连续截切面崩塌，内部少发生形变或转动为滑动沉积，伴有转动、较少发生内部形变为滑塌沉积；剪切作用分布于整个沉积物块体中，杂基支撑强度主要来自黏附力，次为浮力，非黏滞性沉积物由分散压力支撑，高浓度时流体呈惯性，低浓度时流体呈黏性，这种具有多流变状态的沉积物为砂质碎屑流。而浊积岩是由湍流支撑的黏性流体。按照 Shanmugam 分类方案(图 2 – 20)，坡移扇为块体搬运，浊积岩为浊流，其中滑动、滑塌的沉积物体积浓度为 100%，碎屑流的沉积物体积浓度为 25%~100%，而浊流的沉积物体积浓度为 1%~25%。

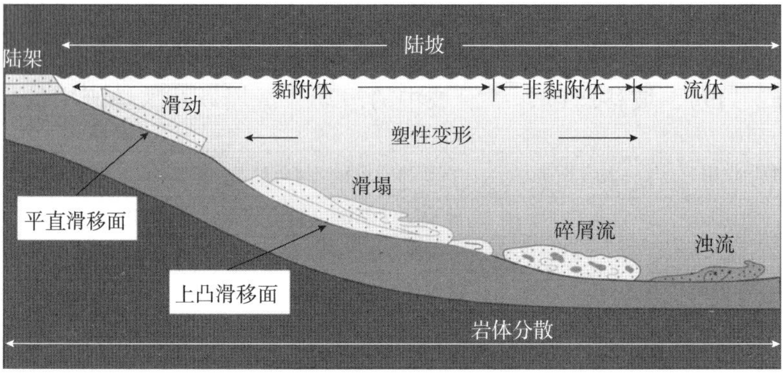

图 2 – 20　砂质块体搬运类型(据 G Shanmugan 等修改)

2.2.2　粒度特征

沉积岩的粒度受搬运介质、搬运方式及沉积环境等因素的控制，反过来这些成因特点必然会在沉积岩的粒度性质中得到反映，这正是粒度资料确定沉积环境的依据。

1)三角洲前缘

三角洲前缘朵叶体概率累积曲线以三段式或两段式为主(图 2 – 21，图 2 – 22)，其中跳跃次总体的斜率较大，反映了水动力作用较强，砂体分选较好，*C* – *M* 图中以代表牵引流的 *OP* 段、*PQ* 段为主(图 2 – 23)。

2)坡移扇

坡移扇砂体的概率累积曲线类型比较多，包括三段式、两段式和宽缓上拱式三类。其中，三角洲前缘残留层段多以三段式和两段式为主，而滑移变形层以宽缓上拱式为主(图 2 - 24)。坡移扇砂体 *C - M* 图可分为两类，第一类为 *PQ* 段为主的牵引流型，多为砂质滑动与砂质滑塌[图 2 - 25(a)、(b)]，另一类为 *PQ* 段、*QR* 段为主的复合型，多为砂质碎屑流[图 2 - 25(c)、(d)]。

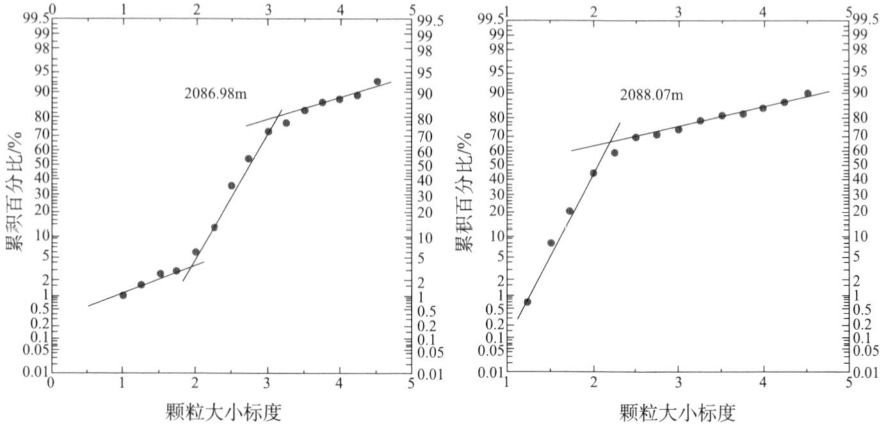

(a)三段式　　(b)两段式

图 2 - 21　官 7 井三角洲前缘概率累积曲线

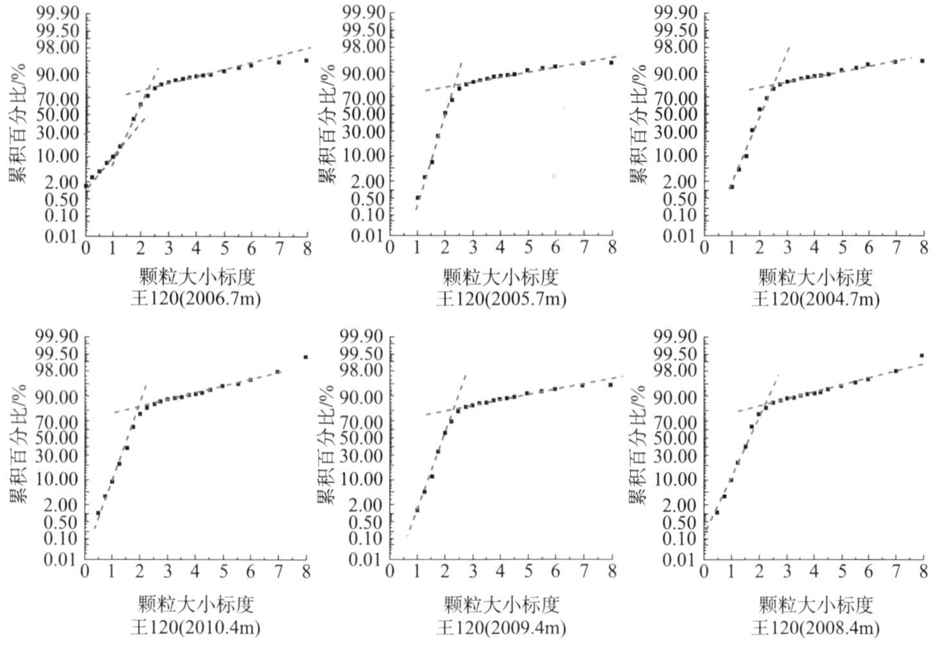

图 2 - 22　王 120 井三角洲前缘概率累积曲线

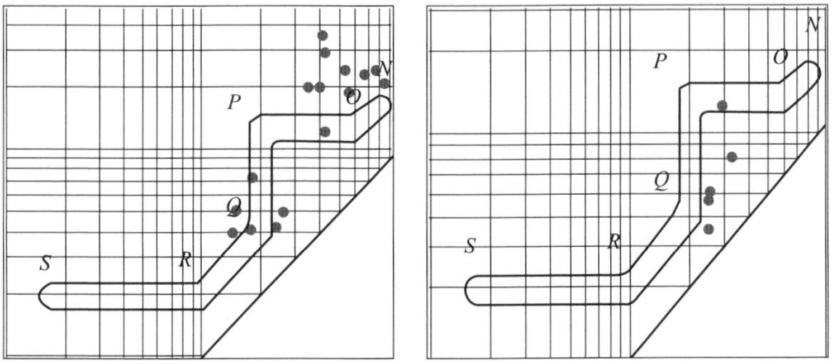

图 2－23　三角洲前缘 $C-M$ 图粒度特征

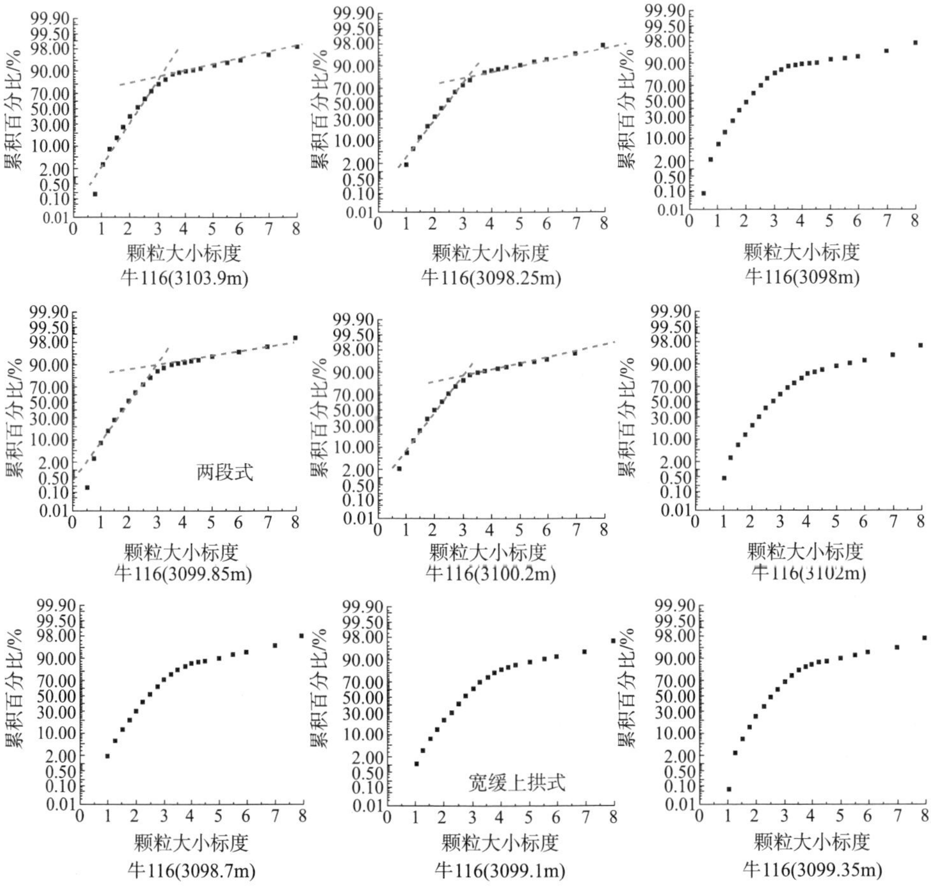

图 2－24　牛 116 井坡移扇砂体概率累积曲线

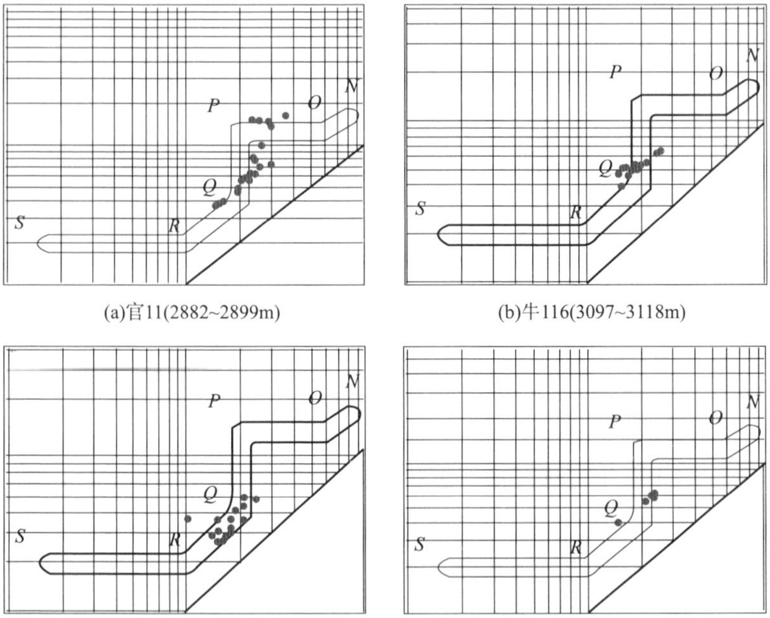

(a)官11(2882~2899m)　(b)牛116(3097~3118m)

(c)牛48(2872~2895m)　(d)牛100(3027~3039m)

图 2－25　坡移扇砂体 $C-M$ 图粒度特征

3）浊积岩

浊积岩的概率累积曲线以宽缓上拱式和单段式为主（图 2－26），其 $C-M$ 图粒度特征上表现为 QR 段为主的浊积岩型，反映了典型的递变悬浮沉积，其最大的特点即 C 值与 M 值呈比例增加，从而使这段图形与 $C=M$ 基线平行（图 2－27）。

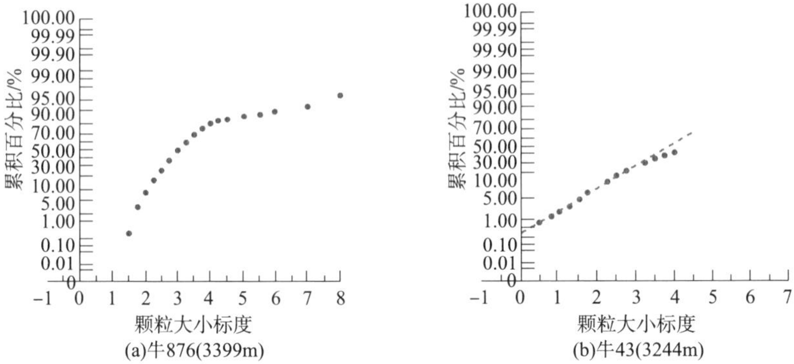

(a)牛876(3399m)　(b)牛43(3244m)

图 2－26　浊积岩砂体概率累积曲线特征

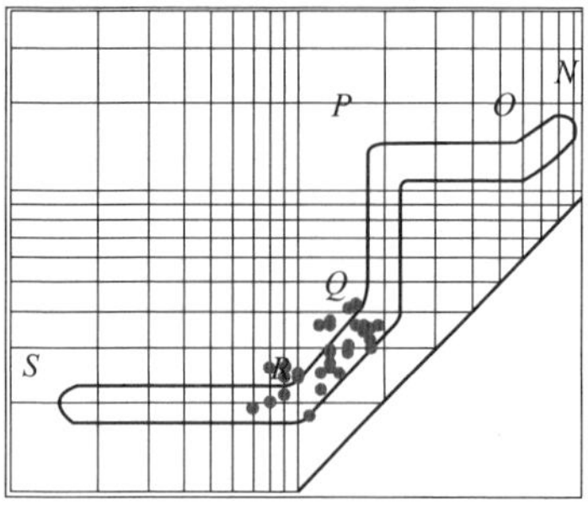

(a)牛43(2872~2895m)

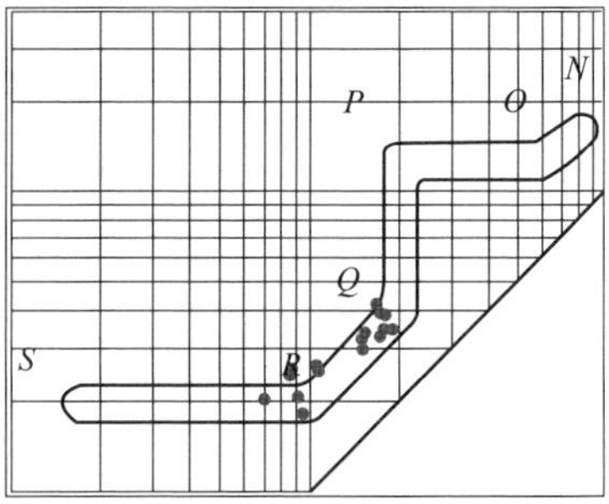

(b)河150(2786~2802m)

图 2－27 浊积岩砂体 $C-M$ 图粒度特征

综上所述，坡移扇兼具牵引流和重力流的粒度特征，其中滑动、滑塌只是半固结的三角洲前缘发生位移变形，沉积组分变化不大，更多地表现出牵引流的特征，随着搅浑程度的加大，逐渐向重力流转化，直至砂质碎屑流粒度特征比较接近浊积岩，仅利用粒度特征较难准确区分。

2.2.3 沉积构造特征

三角洲前缘砂体与坡移扇、浊积岩砂体在流体性质上存在本质差别，其搬运机制和支撑机制存在明显区别，因此，必然表现出不同的沉积构造特征。

1)三角洲前缘

如上所述，三角洲前缘砂体为牵引流沉积，而坡移扇与浊积岩为重力流沉积，因此，三角洲前缘区别于重力流沉积砂体最显著的特征即牵引流作用下的层理、层面构造。从三角洲前缘的岩心上可以观察到强水流作用下的平行层理[图 2－28(a)]和波状层理[图 2－28(d)]以及水下分流河道底部的冲刷－充填构造[图 2－28(b)]和正粒序特征[图 2－28(e)]；亦可见生物成因构造，如砂岩中的植物茎化石；可见完好的木质纹层[图 2－28(c)]，或者贝壳化石等[图 2－28(f)]。

2)坡移扇

坡移扇砂体区别于三角洲前缘与浊积岩最显著的特征是半固结状态下的准同生变形构造以及典型的碎屑流标志性特征。其中，准同生变形构造主要包括红色泥岩撕裂屑、滑脱断面、滑塌变形构造、包卷层理等；碎屑流的鉴别标志包括块状泥岩中的红褐色漂砾，具有良好定向性的泥岩撕裂屑及炭屑成层富集等(图 2－29)。

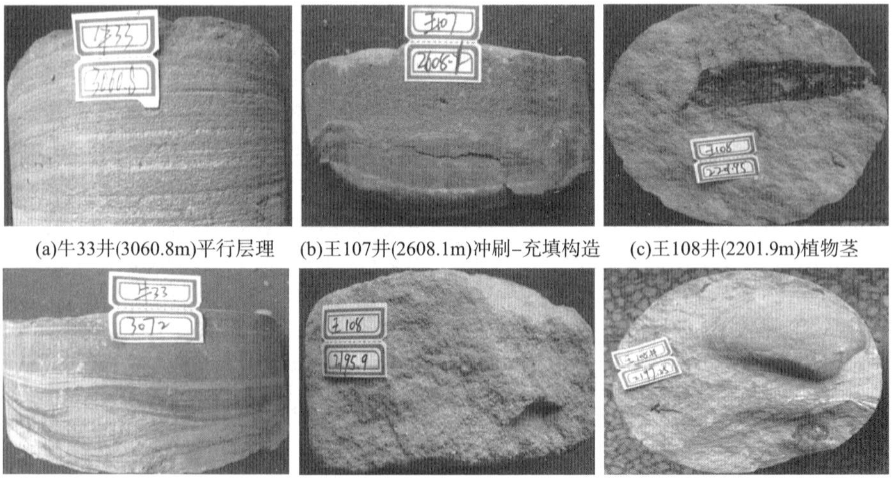

(a)牛33井(3060.8m)平行层理　(b)王107井(2608.1m)冲刷–充填构造　(c)王108井(2201.9m)植物茎

(d)牛33井(3072.0m)波状层理　(e)王108井(2195.9m)粒序特征　(f)王108井(2197.2m)贝壳化石

图 2 – 28　三角洲前缘沉积构造特征

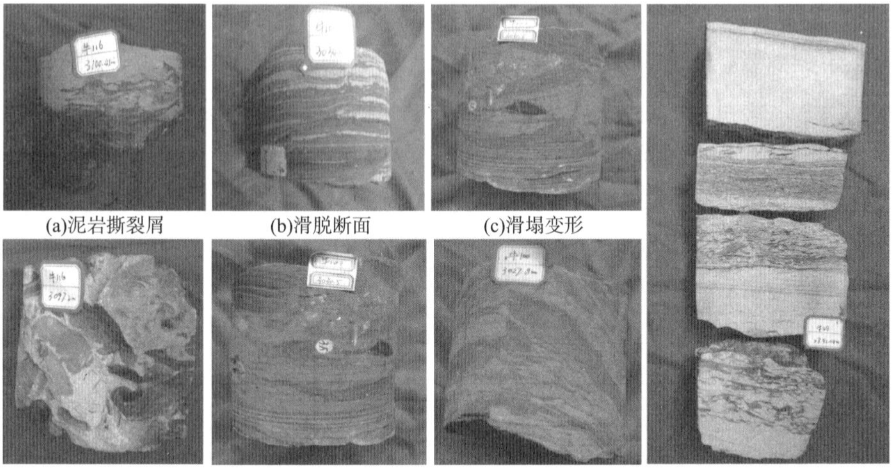

(a)泥岩撕裂屑　(b)滑脱断面　(c)滑塌变形

(d)滑动泥砾岩　(e)包卷层理　(f)红色泥岩撕裂屑　(g)成层的碎屑颗粒

图 2 – 29　坡移扇砂体沉积构造特征

3)浊积岩

浊流成因的浊积岩砂体最显著的特征是岩心中可观察到不完整的鲍马序列，特别是鲍马序列 *A* 段中发育的正粒序层理，还有一些差异压实作用下形成的负载构造、球枕构造和液化砂岩脉等(图 2 – 30)。

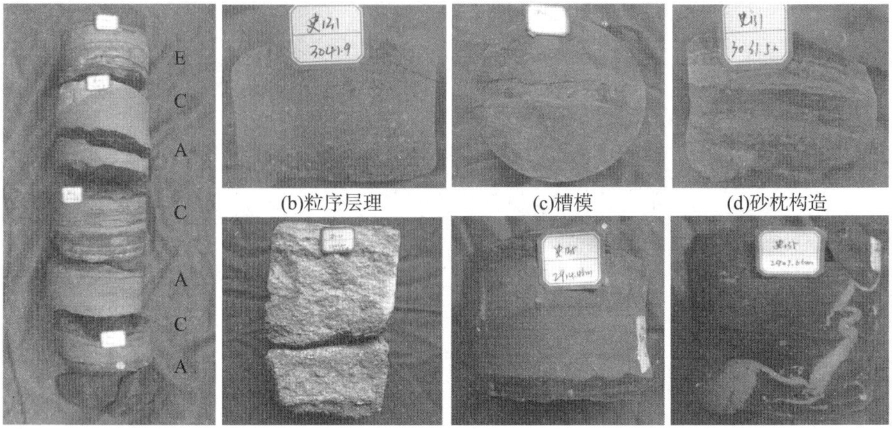

(a)鲍马序列　(e)冲刷面　(f)冲刷面、负载构造　(g)液化砂岩脉

图 2-30　浊积岩砂体沉积构造特征

2.2.4　测井相特征

三角洲前缘、坡移扇及浊积岩砂体在测井相上表现出差异性特征，三角洲前缘砂体 SP 曲线与 GR 曲线均表现为反旋回漏斗形；坡移扇砂体特征可划分为两类，其中滑动和滑塌砂体 SP 曲线特征表现为漏斗－箱状复合形，GR 曲线表现为齿化箱形；碎屑流砂体 SP 曲线特征表现为漏斗形，GR 曲线表现为齿化漏斗形；浊积岩砂体 SP 曲线特征表现为指状或钟形，GR 曲线表现为齿化钟形（图 2-31）。

沉积类型		自然电位	自然伽玛	测井相特征
三角洲前缘		牛47　牛481　牛301	牛47　牛481　牛301	SP：反旋回漏斗形 GR：反旋回漏斗形
坡移扇	滑动滑塌	牛116　牛119　官11	牛116　牛119　官11	SP：漏斗–箱状复合形 GR：齿化箱形
	碎屑流	牛100　牛48　丰14	牛100　牛48　丰14	SP：漏斗形 GR：齿化漏斗形
浊积岩		史134　牛22　牛43	史134　牛22　牛43	SP：指状或钟形 GR：齿化钟形

图 2-31　三角洲前缘－坡移扇－浊积岩测井相特征对比

2.2.5 地震相特征

三角洲前缘砂体在地震相上表现出多套前积反射、连续性好的特征。坡移扇的地震相特征可分为三类，砂质滑动在地震相上表现为前积层靠近根部断开，波形为单波，中强反射、连续性好；砂质滑塌在地震相上表现为前积层内伴生同沉积断层，开始出现复波，中强反射、延伸广；砂质碎屑流在地震相上位于底积层之上，单波或复波，中弱反射、连续性差。浊积岩在地震相上位于底积层附近，中弱反射、延伸窄(图 2－32)。

沉积类型		牛庄南坡	博兴南坡	民丰东坡	地震相特征
三角洲前缘		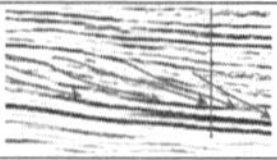	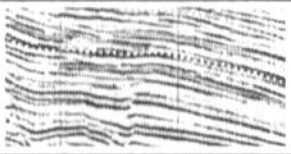	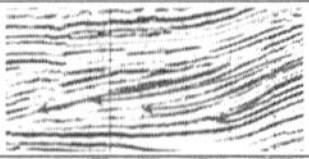	多套前积反射 连续性好
坡移扇	滑动				前积层靠近根部断开 单波，中强反射、连续性好
	滑塌				前积层内伴生同沉积断层 出现复波，中强反射、延伸广
	碎屑流		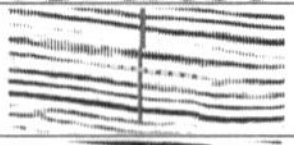	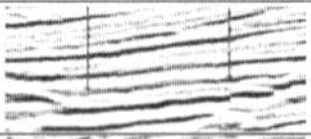	底积层之上 单波、复波，中弱反射、 连续性差
浊积岩		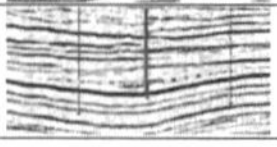	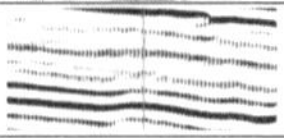		底积层附近 中弱反射、延伸窄

图 2－32　三角洲前缘－坡移扇－浊积岩地震相特征对比

在以上研究的基础上，建立了三角洲前缘－坡移扇－浊积岩砂体识别模板(图 2－33)，利用该识别模板可以对单井砂体类型进行判识。

沉积类型	岩性结构特征	粒度特征	相序	沉积构造	岩心图版	地震相	测井相	测井、录井特征
三角洲前缘	块状含砾砂岩、中细砂岩，分选中等–差，磨圆次棱角–次圆状	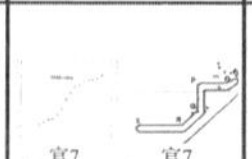 官7 (2086.0m)　官7 (2078~2132m)	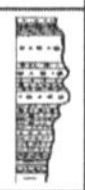	以河口坝为主的各种交错层理、平行层理、冲刷构造为主，局部富集炭屑	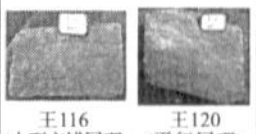 王116 (小型交错层理)　王120 (平行层理)	多套前积反射，连续性好，中强振幅，楔形特征明显	自然电位表现为反旋回特征为主，向上转为正旋回的钟形	SP 王120 R25 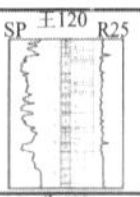
坡移扇	块状中细砂岩、泥质砂岩或粉砂岩分选中等–差，磨圆次棱角–次圆状	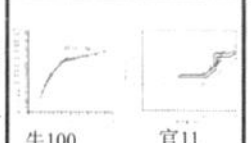 牛100 (3031.0m)　官11 (2882~2895m)		底部发育砂泥混杂、搅混构造，上部为河口坝或远砂坝反粒序特征	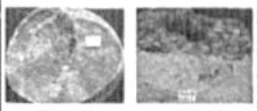 牛100 (植物茎)　牛100 (泥砾)	位于前积层内，中强振幅，一般延伸较长	自然电位表现为反旋回特征，多呈箱形、漏斗形	SP 牛119 R25 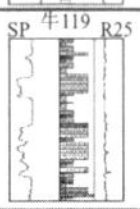
滑塌浊积岩	薄层粉砂岩、细砂岩泥质砂岩或粉砂质泥岩分选中等为主，磨圆次棱角–次圆	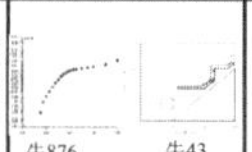 牛876 (3395.55m)　牛43 (3261~3269m)		细粉砂岩，泥质粉砂岩，波状交错层理、准同生变形构造、滑塌构造等	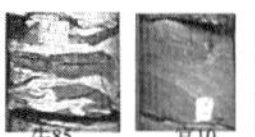 牛85 (滑塌变形)　官10 (包卷层理)	位于底积层内，中弱振幅，两端迅速尖灭	自然电位表现为弱正旋回特点，多呈指形、钟形或复合漏斗形等	SP 史130 R25 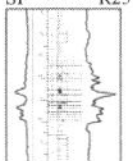
远岸浊积扇	中薄层中、细砂岩，局部含砾，分选中等–好，磨圆次圆–次棱角	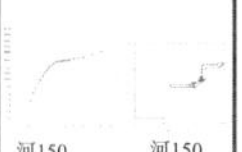 河150 (2796.59m)　河150 (2796~2805m)		中–细砂岩为主的岩性，发育冲刷充填构造、平行层理、粒序层理等	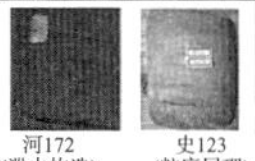 河172 (泄水构造)　史123 (粒序层理)	位于底积层内，外部形态呈楔形、透镜状，常可见槽状充填，反映下切水道的特点	自然电位表现为正旋回特征，多呈箱形、钟形或复式钟形等特征	SP 梁18 R25 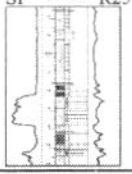

图 2－33　三角洲前缘－坡移扇－浊积岩砂体识别模板

3　坡移扇分布模式及展布规律

通过野外地质露头观察与详细的岩心描述可知，坡移扇具有“受力各异、纵向分段”的纵向序列模式，从流体性质、粒度特征、沉积构造特征、测井相特征以及地震相特征等五个方面对比分析可有效识别坡移扇砂体，在单井砂体类型识别的基础上，建立坡移扇砂体在平面上的分布模式，并对东营三角洲进行系统解剖，从而明确三角洲前缘－坡移扇－浊积岩体系在平面上的展布规律，为分析坡移扇形成条件以及建立坡移扇砂体预测方法奠定基础。

3.1　坡移扇分布模式及叠置样式

3.1.1　坡移扇类型

通过系统的岩心观察研究，识别出了砂质滑动、砂质滑塌、砂质碎屑流、砂质液化流、砂质流化流等重力流沉积类型，其中坡移扇以砂质滑塌和砂质碎屑流两类为优势类型。

1)砂质滑动

砂质滑动是沿平板状滑移面滑动、无内部明显变形的沉积物黏性块体。滑动代表直移剪切运动(Shanmugan，2013)。砂质滑动的鉴别标志主要包括底部主剪切面、底部剪切带、砂质注入体、内部二次滑动面、内部结构变化以及上接触面突变等。牛 48 井坡移扇砂体岩心具有底部主剪切面、上部突变接触面以及二次滑移面等典型砂质滑动的沉积特征(图 3－1)，砂质滑动是三角洲前缘朵叶在外界触发机制下与三角洲主体断开，但滑移距离较近的产物，内部半固结状态的三角洲朵叶尚未产生同沉积变形，仅仅在顶底的砂泥接触面上保留特有的沉积特征。因此，其沉积特征一般表现为底部滑动变形层段、上部三角洲前缘砂体的组合模式(图 3－2)。

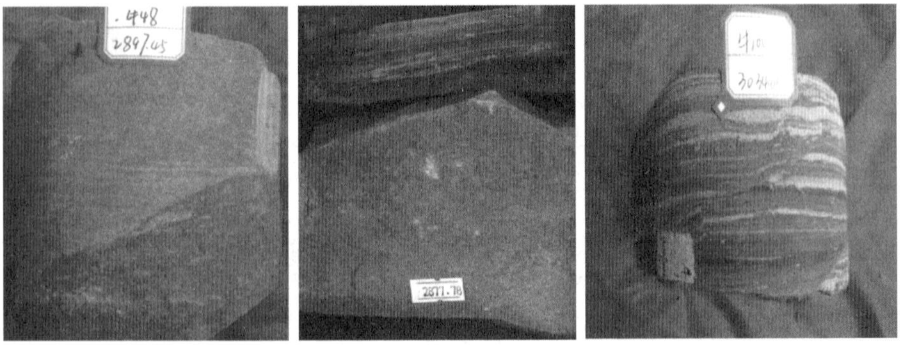

(a)底部土剪切面　　(b)上部突变接触面　　(c)滑脱断面

图 3－1　砂质滑动岩心鉴别标志

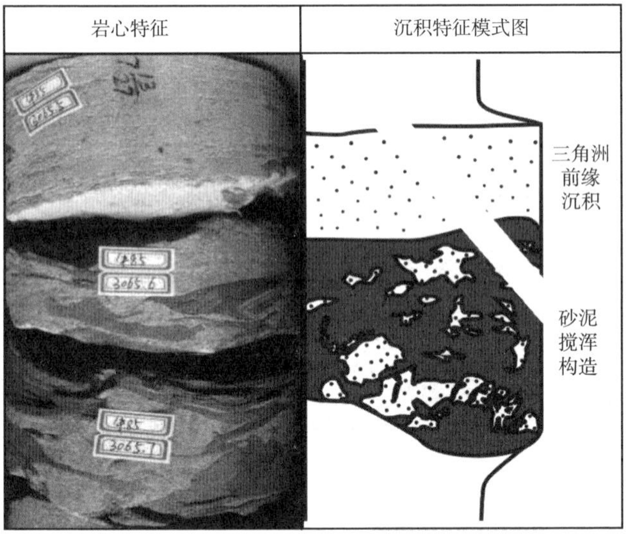

图 3－2　砂质滑动沉积特征模式图

2）砂质滑塌

砂质滑塌是指在下凹滑移面上的运动、因内部变形而发生旋转的沉积物黏结块体。砂质滑塌代表旋转剪切面运动（Shanmugan，2013）。砂质滑塌具有其坡上区域发育张性断层、坡下边缘发育挤压褶皱或逆冲作用的共同属性。与砂质滑动相比，滑塌滑移距离远，块体发生旋转变形，因此，其底部的变形层段非常发育，在岩心上可见砂质褶皱、液化变形构造、搅浑砂岩夹杂变形碎屑等典型沉积特征（图 3－3），主要表现出底部滑移变形层段厚度较大、准同生变形构造多样的模式，除以上典型鉴别标志外，还发育砂岩透镜体、滑塌变形层理或包卷层理，在二次滑移面附近还发育泥岩撕裂屑和火焰构造等(图3－4)。

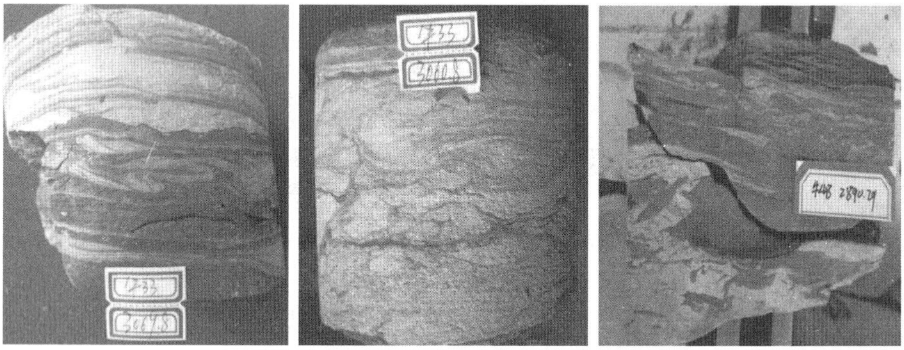

(a)砂质褶皱　　(b)液化变形构造　　(c)搅浑砂岩夹杂变形碎屑

图3－3　砂质滑塌岩心鉴别标志

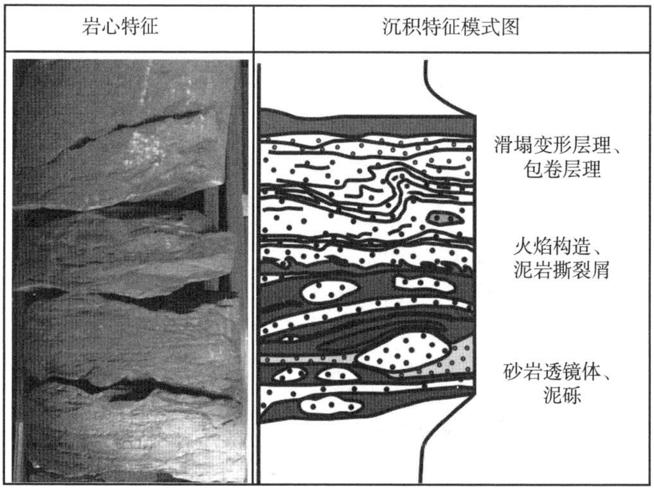

图3－4　砂质滑塌沉积特征模式图

3)砂质碎屑流

砂质碎屑流是一种塑性流变、层流态的沉积物流，沉积物通过整体“冻结”发生沉积作用。碎屑流和块体流可互换应用，因为两者都表现为剪切应力遍布整体的塑性流特征(Nardin 等，1979)。在碎屑流内，粒间运动较剪切面运动更占优势。尽管大多数碎屑流以非黏性物质运动，塑性流的一些流动特征可能在黏结块体运动和非黏结沉积物流之间过渡。三角洲前缘斜坡带坡移成因的碎屑流具有非常典型的鉴别标志。以牛48井为例，岩心整体表现为大套纯色块状砂岩，为多期厚层块状砂岩叠置的产物，各期次之间存在突变顶底接触面[图3－5(b)]，底面往往发育典型的槽模或沟模构造[图3－5(a)]，纯色砂体中可见流动的碎屑，主要包括较大的红色漂砾或成层的泥砾、泥岩撕裂屑(流动的泥质颗粒)和炭屑等[图3－5(c)、(d)]，亦可见大量成层的炭屑，炭屑层往往具有研磨的痕迹，推测成层的炭屑在厚层块状砂岩顶底可充当很好的滑移介质。在部分块状砂岩中，亦可见无序的泥砾和撕裂屑，可能是碎屑流完全转化形成前的过渡状态[图3－5(e)]，这些鉴别标志构成了砂质碎屑流的沉积模式(图3－6)。

(a)底部槽模构造 (b)突变的顶底接触面 (c)成层的泥砾 (d)流动的泥质颗粒 (e)无序的泥砾

图3－5　砂质碎屑流岩心鉴别标志

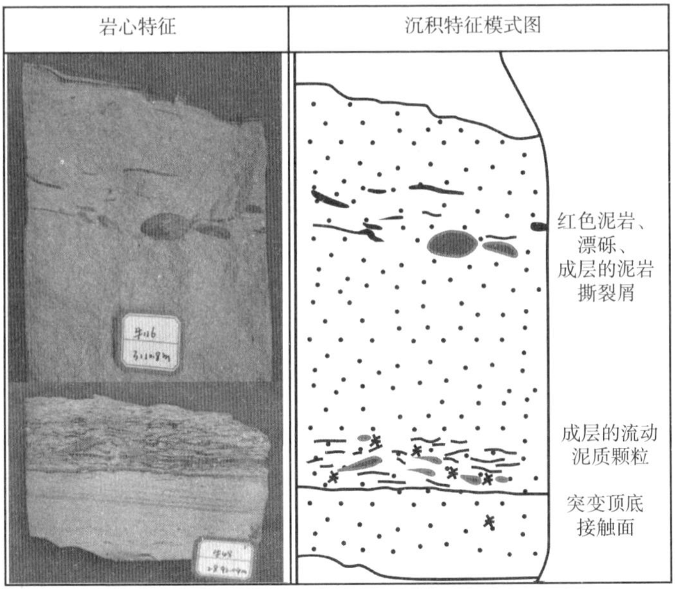

图3－6　砂质碎屑流沉积特征模式图

3.1.2 分布模式及叠置样式

1) 坡移扇分布模式

坡移扇砂体可细分为砂质滑动、砂质滑塌和砂质碎屑流，砂体类型受滑移距离及古地形控制表现出横向分带的特征，在三角洲的前缘斜坡上往往依次发育。平直滑移面上多发育砂质滑动，形成条件苛刻，多形成于相对平缓的断阶；下凹滑移面多发育砂质滑塌，前段砂质碎屑流所占比例增加；坡脚处以块状碎屑流为主(图3-7)。

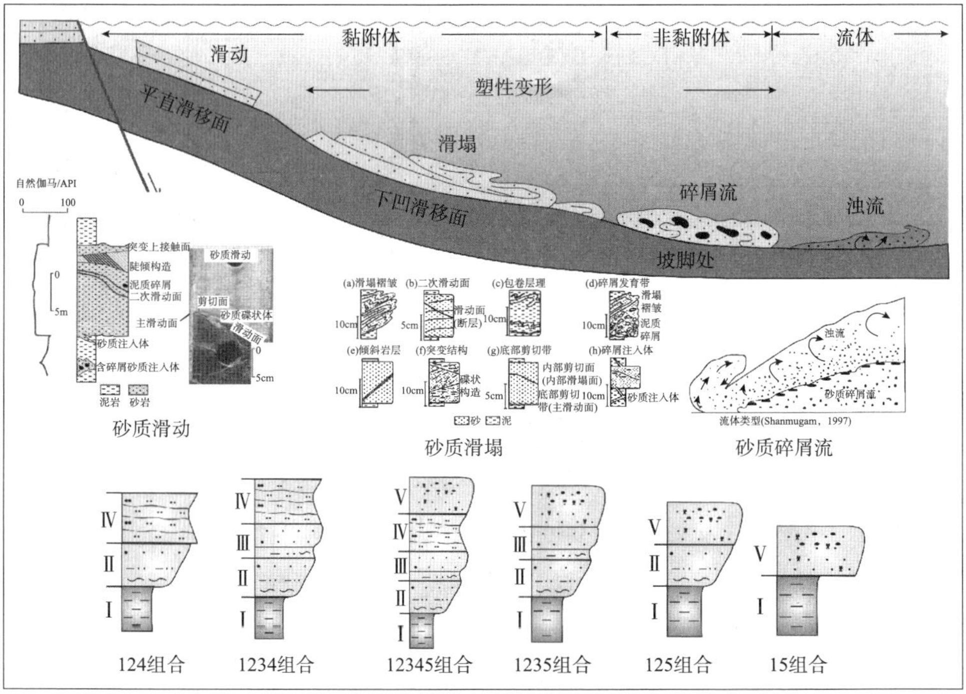

图3-7 坡移扇砂体横向分带分布模式

不同类型坡移砂体在纵向上的组合模式差异明显，其中砂质滑动砂体的三角洲前缘残留层发育，底部滑移变形层可以很薄，亦可滑移、拉伸变形层均存在，主要序列组合类型包括124组合和1234组合；砂质滑塌砂体纵向上序列最完整，前缘残留层逐渐消失，块状碎屑流发育，且比例逐渐增大，但是各层段均可发育，主要序列组合类型包括12345组合和1235组合；块体流转化为砂质碎屑流时，三角洲前缘残留层基本消失，以块状碎屑流为主，可残留滑移变形层段，主要序列组合类型包括125组合和15组合(图3-8)。除此之外，坡移砂体纵向上的组合模式可能受坡移之前母源的微相及组合类型的控制，三角洲离洼陷带最近的微相主要为席状砂和河口坝微相，东营凹陷三角洲在快速进积的“S”形结构内部，往往叠置发育具反旋回沉积特征的河口坝叠合体。这种叠合体发育坡移之后，由于内部泥岩夹层少，坡移过程中的准同生变形构造不易保存，因此，多表现为125组合和15组合；席状砂微相以砂泥岩薄互层为主，坡移滑塌后的滑移变形层更易保存，且滑移距离相对较近，更易在转化的过程中沉积下来，因此，多表现为124组合和1234组合；最为常见的一种母源组合类型是席状砂和河口坝微相的叠置模式，其坡移滑塌后的沉积物纵向上的序列最为发育，一般表现为12345组合或1235组合(图3-9)。

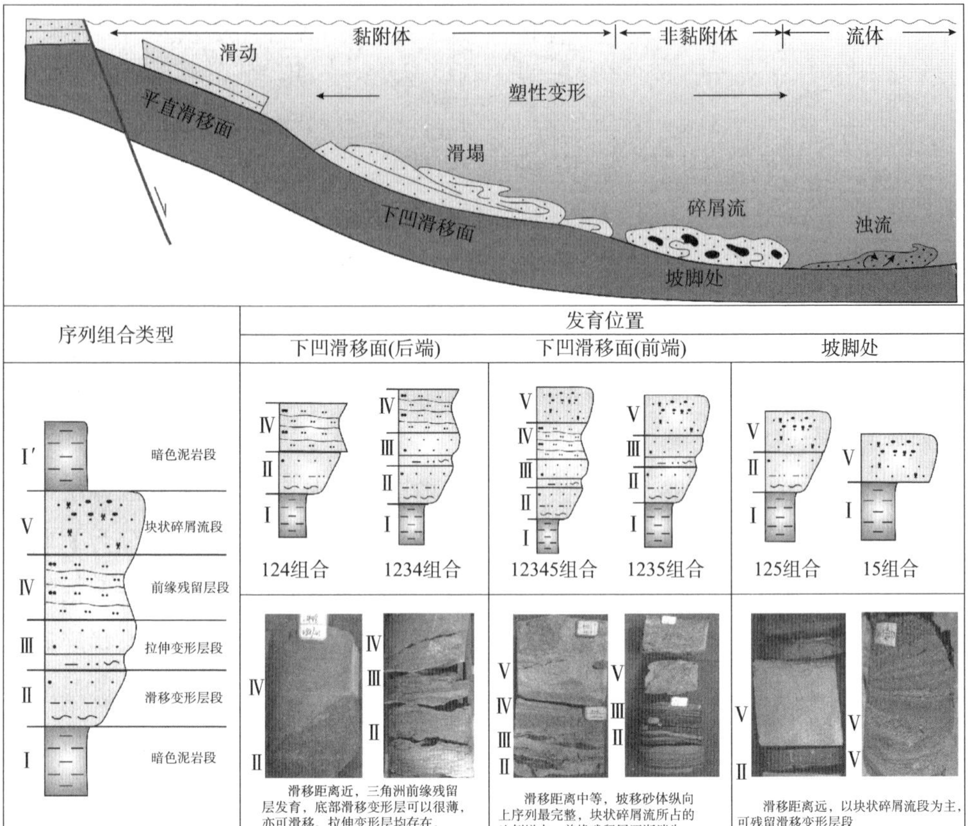

图3-8 坡移扇纵向序列模式与分布模式的对应关系

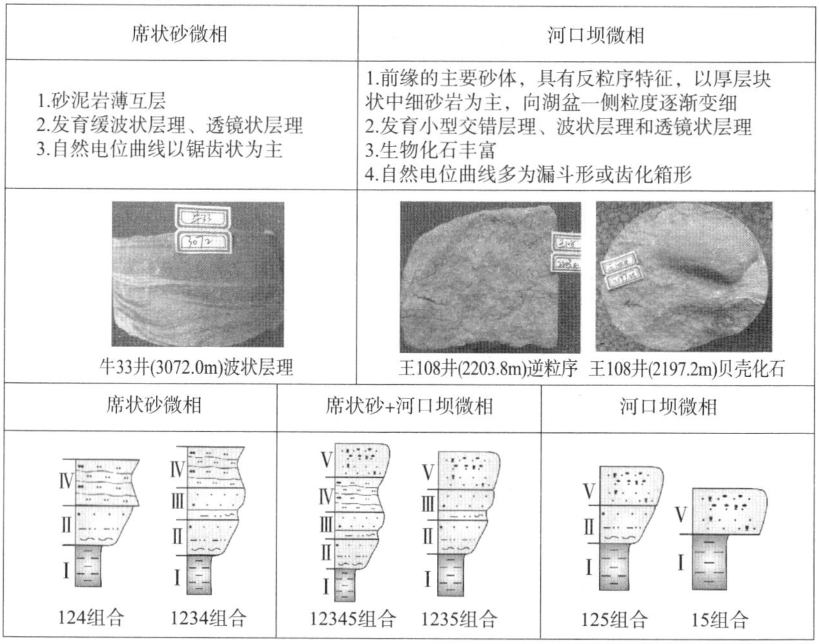

图 3－9　坡移扇纵向序列模式与母源的关系

2）坡移扇叠置样式

单期次坡移扇在纵向上具有特定的序列模式，而单井相与取心井段精细期次划分结果表明，坡移扇砂体是多期坡移扇叠加的复合体。利用垂向上的序列模式可划分为多个期次。

牛 48（2880. 18 ~2888. 44m）取心井段精细期次划分表明牛 48 井以厚层纯色块状砂岩为主，为典型的砂质碎屑流叠置砂体。8m 长的取心段可划分为 3 期砂质碎屑流沉积和 1 期砂质滑塌。自下而上第一期坡移扇发育滑移变形层和前缘残留层，其厚度比例为 1 : 1；第二期发育滑移变形层、前缘残留层和块状碎屑流段，其厚度比例为 1 : 1 : 3；第三期发育前缘残留层和块状碎屑流段，其厚度比例为1 : 1，与第二期的碎屑流段为突变接触，不发育滑移变形层段，底接触面仅为 1mm 左右的炭屑层；第四期发育滑移变形层和块状碎屑流段，其厚度比例为 1 : 3，主要为块状碎屑流，底部变形层较薄（图 3－10）。牛 100（2027. 0 ~3035m）取心井段精细期次划分结果表明，牛 100 井岩心段以砂泥岩互层为主，单层砂岩由 1 ~3 期坡移扇叠置组成，主要以砂质碎屑流为主，但整个井段滑塌变形层的比例明显增加(图3－11)，推测该井段坡移前母源类型以席状砂微相为主，由于母源内部的泥岩夹层较多，因此，坡移扇砂体内壁的滑移变形层段厚度相对较大。

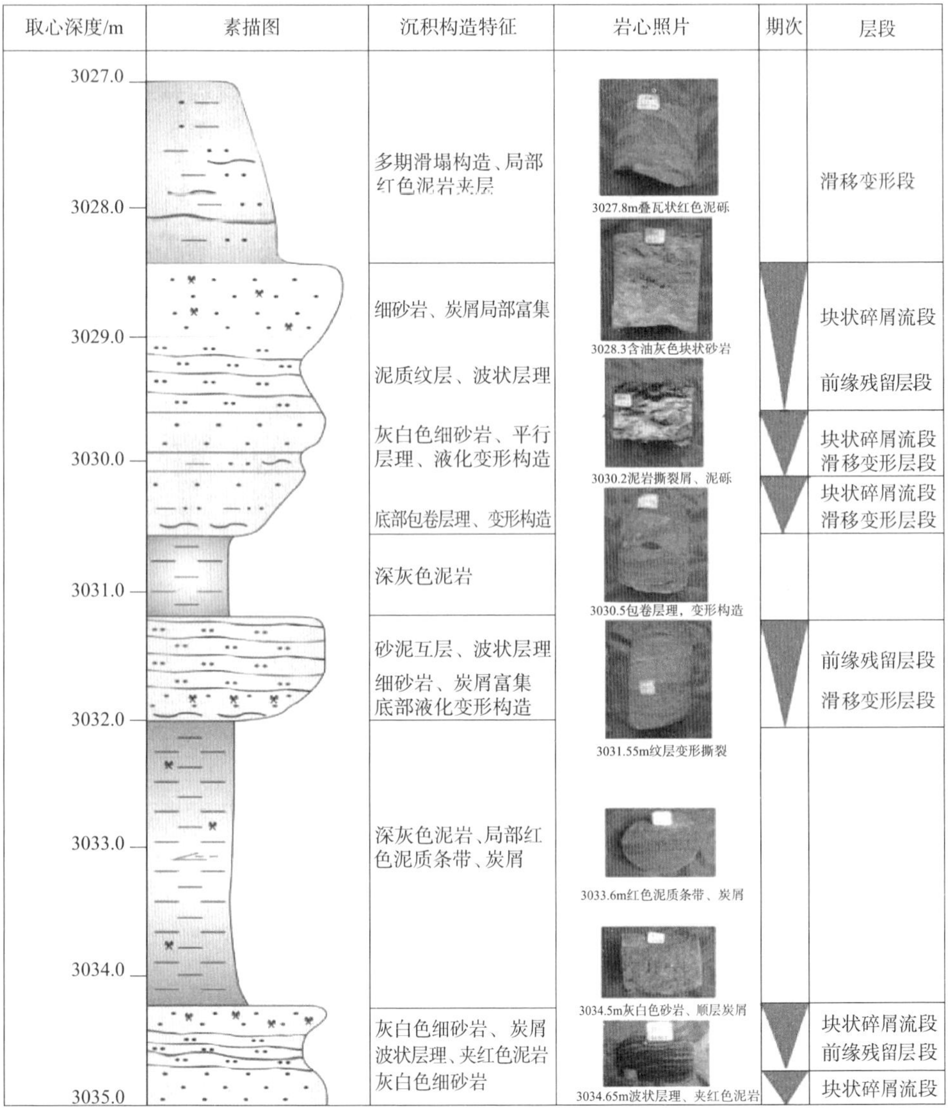

图3－10　牛48(2880.18～2888.44m)岩心精描与精细期次划分

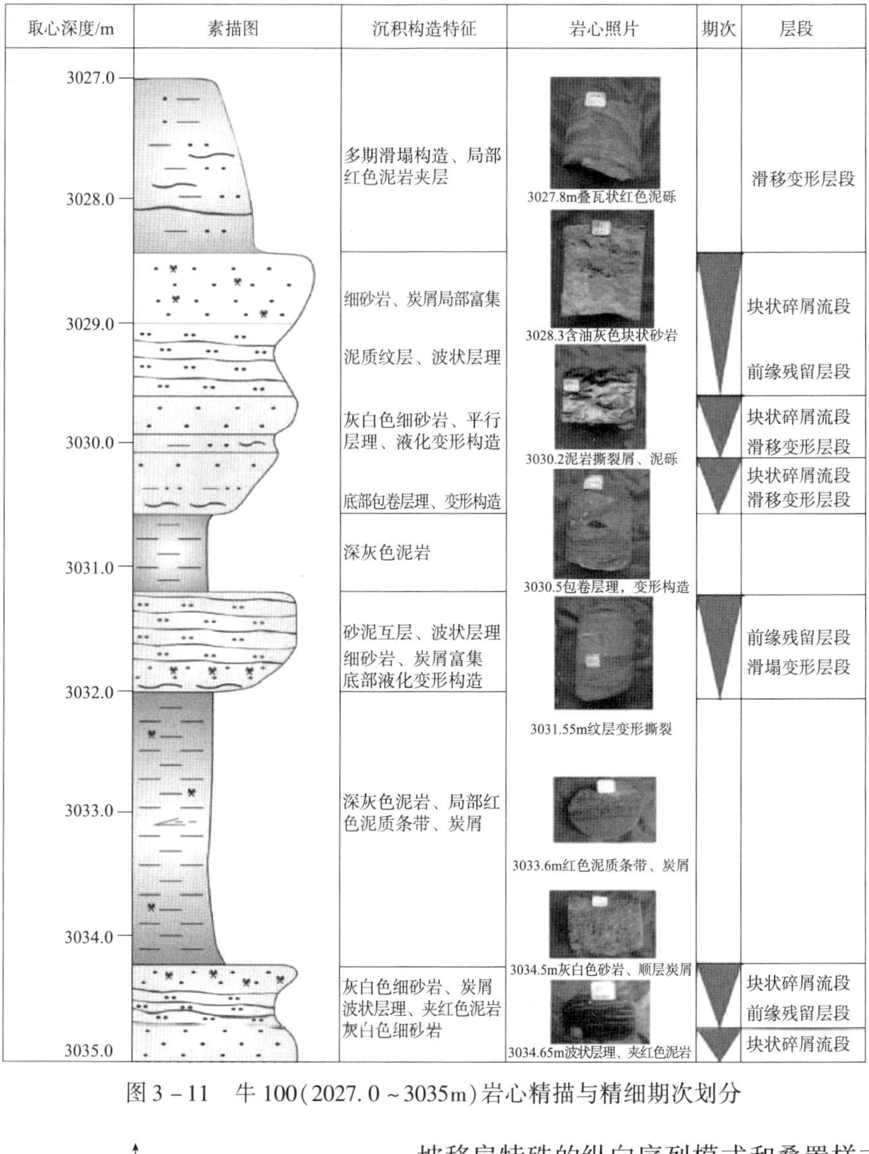

图 3－11　牛 100（2027.0～3035m）岩心精描与精细期次划分

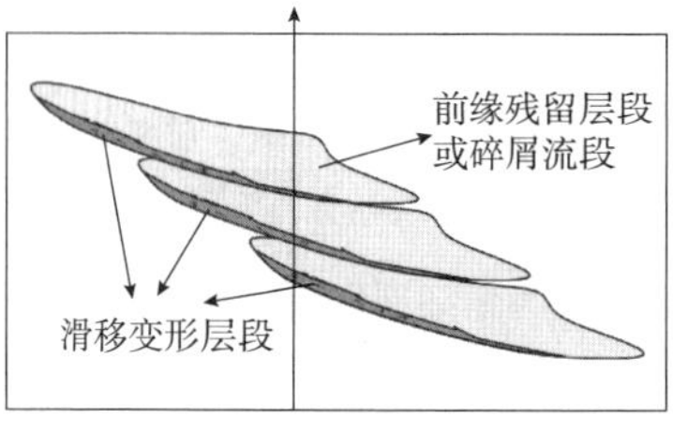

图 3－12　坡移扇多期叠置内部结构模式图

坡移扇特殊的纵向序列模式和叠置样式导致砂体内部结构复杂，从而决定了坡移扇砂体含油的复杂性。从坡移扇多期叠置内部结构模式图中可以看出（图 3－12），多期叠置的坡移扇砂体内部非均质性强，由于滑移变形层段以砂泥搅浑为主要特征，因此，其物性较差，在岩屑录井图上为泥质砂岩或砂质泥岩，滑移变形层可形成砂体内部隔夹层。滑移变形层发育的同一套砂体内部可形成数个独立的叠置岩性圈闭，从而导致坡移砂体岩性油藏含油性特别复杂，这种模式可以很好地解释牛 100、牛 119 等井区的砂体高部位含油性仍然很差的现象。

3.2 坡移扇展布规律研究

坡移扇的识别及展布规律研究，除了依靠坡移扇识别标志的直接证据之外，更要从宏观沉积环境出发，结合大量常规地质分析，开展系统研究工作。

3.2.1 砂层组精细划分

坡移扇往往发育在三角洲三层结构的斜积层内部，由于在“S”形前积的斜积层内，多期次成层性进积体相互叠置(图 3－13)，准确的砂层组精细划分对比难度大。

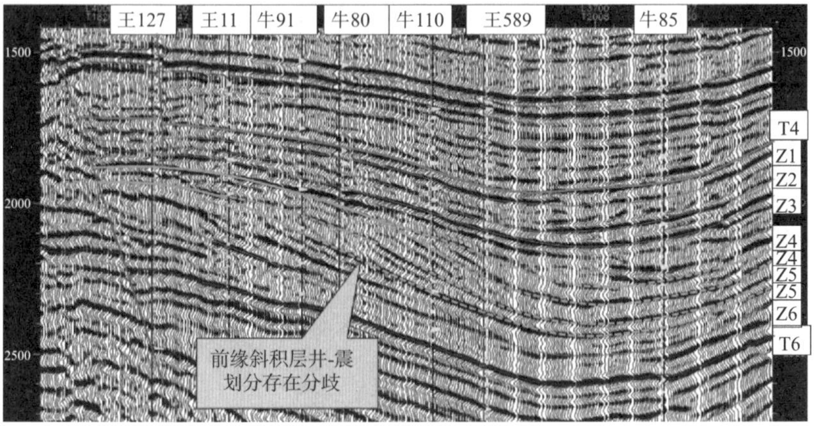

图 3－13 牛庄洼陷王 127－牛 85 井地震剖面图

1) 单井砂组划分

采用等时地层井－震联合的划分方法，划分思路是利用声波时差或伽马测井曲线经小波变换确定的沉积旋回，与地震高阶时频分析确定的沉积旋回进行对应，从而对砂组进行精细划分。单井综合层序地层划分结果表明(图 3－14～图 3－16)，声波时差和伽马测井曲线的连续小波变换结果可以应用于砂层组界面的划分，与单井所在地震道的高阶时频分析结果相互印证可很好地划分砂层组。而声波时差的离散小波变换结果可以较好地反映砂层组内部的低级序层序变化，主要应用于准层序组的划分。

2)连井砂组对比

在单井砂组精细划分的基础上，利用地震资料以及单井地震道旁高阶时频分析资料，开展精细的连井砂组对比。以牛 871 - 辛斜 109 近东西向剖面(图 3 - 17，图 3 - 18)和王 127 - 牛 85 近南北向两条剖面(图 3 - 19，图 3 - 20)为例进行分析，结果表明东营凹陷沙三中亚段砂层组可划分为 6 期，由于东营三角洲在沙三中亚段沉积时期进积速度快，其斜积层厚度在前缘斜坡处具有突然增厚的特征，“S”形斜积层内部多套砂体叠置发育，在地震剖面上表现为向顶积层尖灭的现象，而向下又表现出向底积层尖灭的特征，因此，各砂组斜积层附近在高阶时频分析结果上会出现多个分界点，此时应考虑三角洲逐步推进的演化规律，从而准确落实砂组界面。

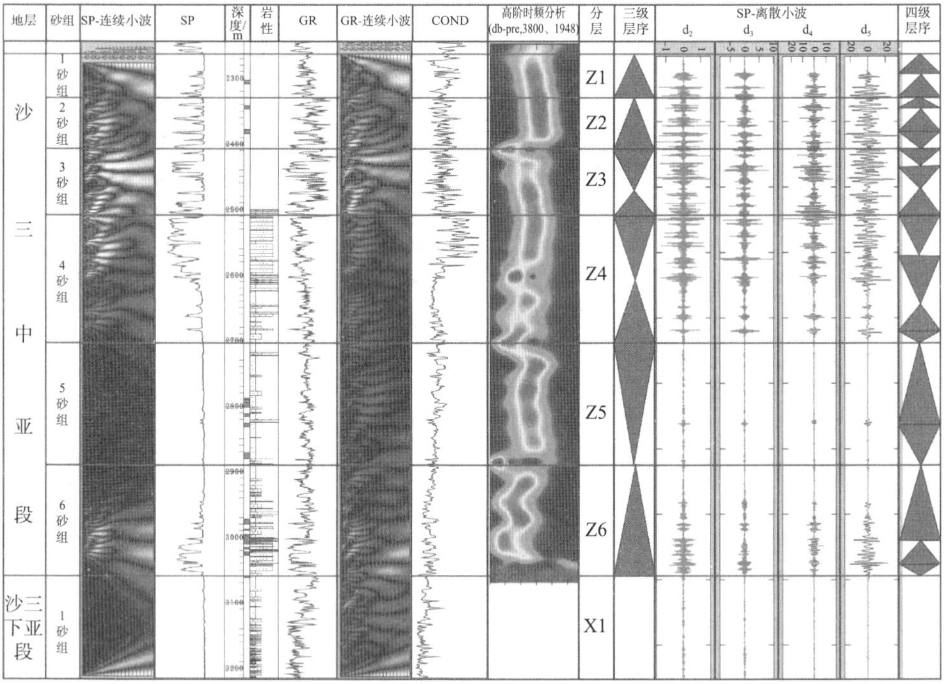

图 3 - 14　牛 110 井单井综合层序地层划分柱状图

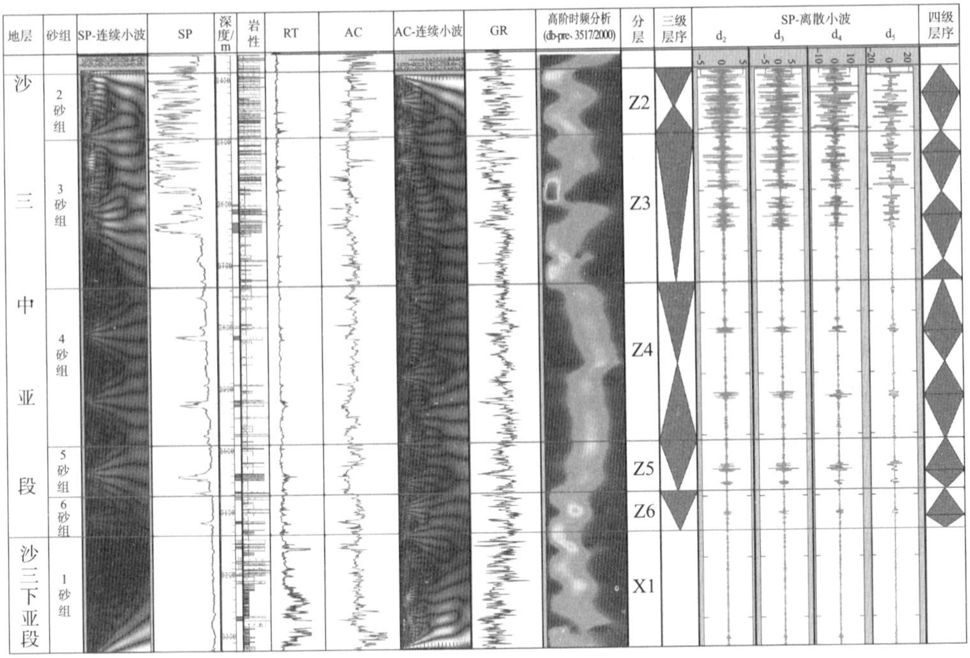

图 3－15　牛 871 井单井综合层序地层划分柱状图

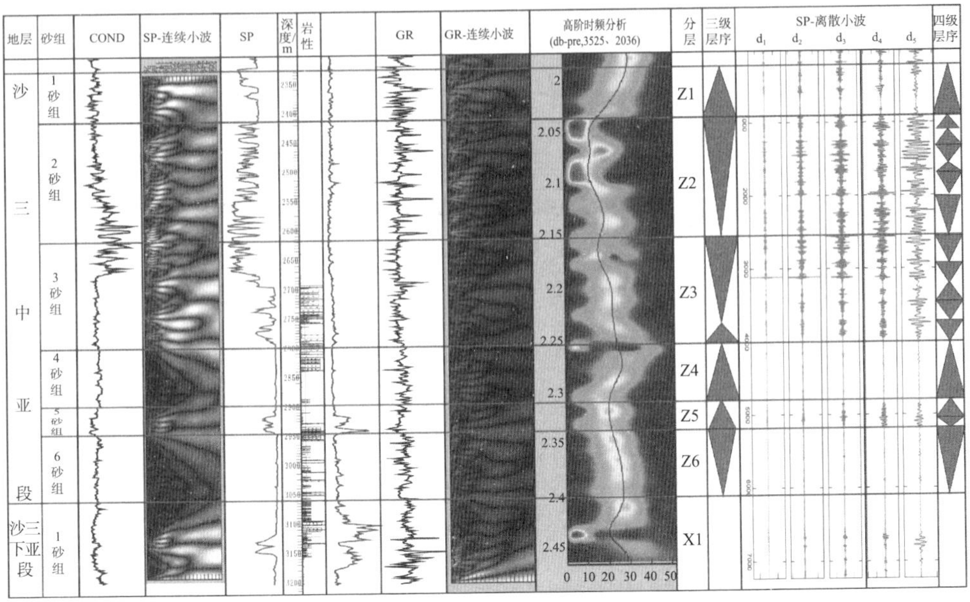

图 3－16　牛 87 井单井综合层序地层划分柱状图

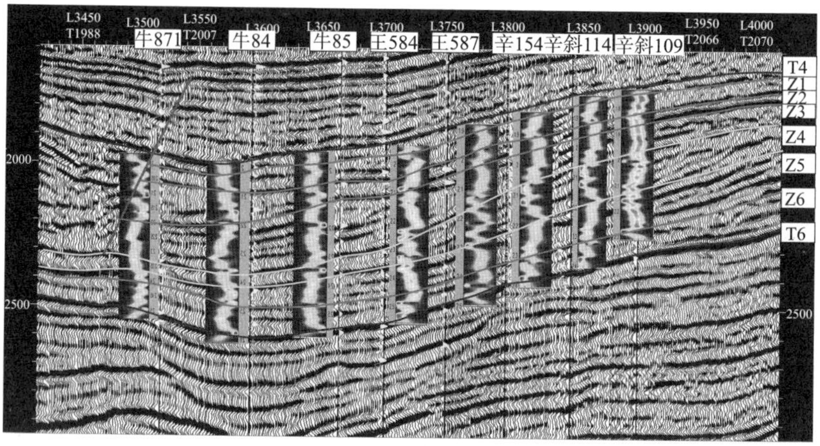

图 3－17　牛 871－辛斜 109 井高阶时频分析地震等时地层格架剖面图

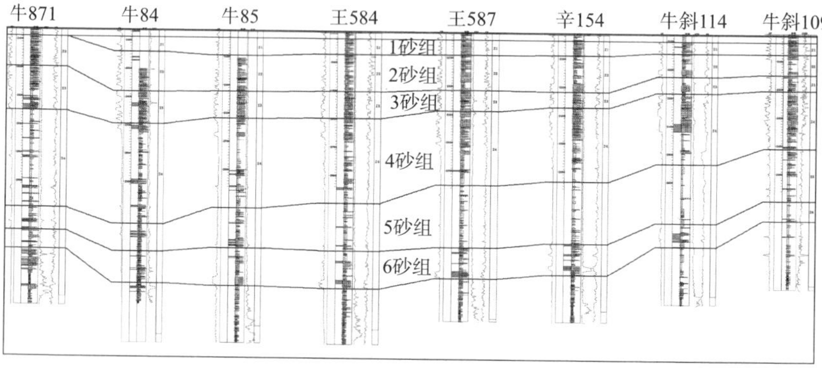

图 3－18　牛 871－辛斜 109 井地层划分对比剖面图

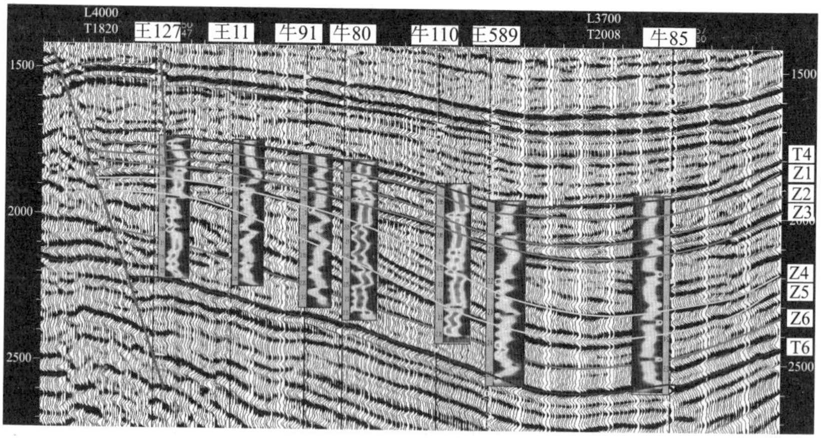

图 3－19　王 127－牛 85 井高阶时频分析地震等时地层格架剖面图

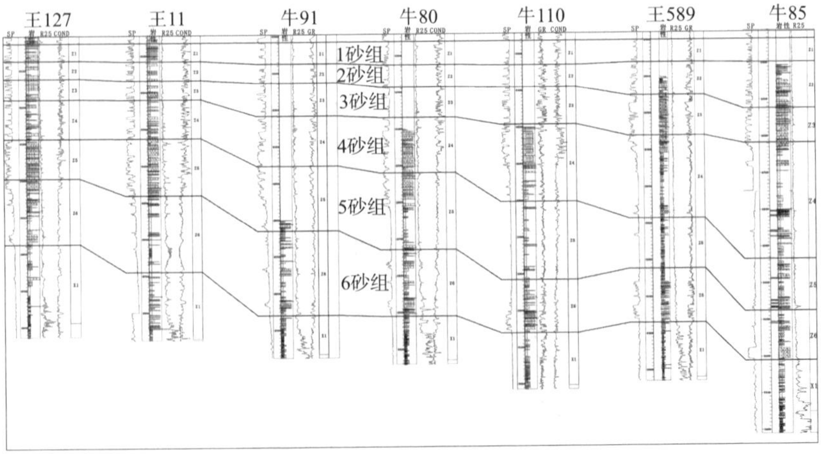

图 3－20　王 127 井－牛 85 井地层划分对比剖面图

3.2.2　砂体识别及对比

准确的砂组划分是剖析坡移扇砂体类型及展布规律的前提和基础。在此基础上，需要对等时地层格架内的厚层砂体类型及其分布规律展开研究。

1）单井砂体类型识别

利用前文建立的坡移扇砂体识别标志可以对重力流成因砂体的类型进行判识。以牛 110 井为例，牛 110 井在沙三中亚段 6 砂组沉积时期发育一套厚层砂体，砂体厚度大（近 50m），顶底发育大套泥岩，以往认识为三角洲前缘。本次研究过程中发现，其地震相上表现为前积层靠近物源方向断开、单波、中强反射、连续性较好的特征，为滑动地震相特征；测井相上 SP 曲线表现为漏斗－箱状复合形，GR 曲线表现为齿化箱形或齿化漏斗形，为滑动、滑塌测井相特征（图 3－21）；牛 110 井的岩心上可见大量泥岩撕裂屑、液化砂岩脉、砂质注入体以及搅浑砂岩夹杂变形碎屑等典型的坡移扇砂体沉积构造特征（图 3－22）；其概率累积曲线上表现为多种类型，包括两段式、三段式（两跳一悬）以及宽缓上拱式；牛 110 井 *C－M* 图上表现为以反映牵引流的 *PQ* 段、*OP* 段为主的特征。根据以上特征（图 3－23），综合判识牛 110 井区砂体为砂质滑动或砂质滑塌砂体。而辛 154 井在地震相上表现为前积层内发育同沉积断层、单波或复波、中弱反射、连续性差的特征；测井相上 SP 曲线表现为低幅漏斗形，与牛 48 井典型坡移扇砂体测井相相似（图 3－24）；其概率累积曲线上表现为以两段式和宽缓上拱式为主

（图 3－25）；C－M 图上表现为以 PQ 段、QR 段为主的复合型，QR 段明显增多（图 3－26），综合判识辛 154 井区砂体为砂质碎屑流沉积。

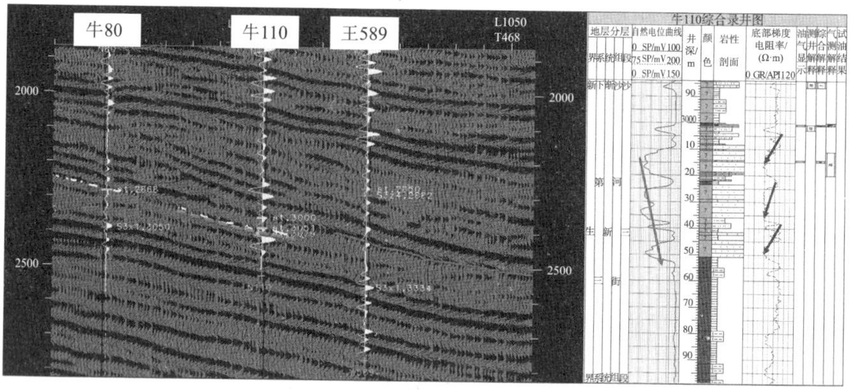

图 3－21　牛 110 井地球物理响应特征

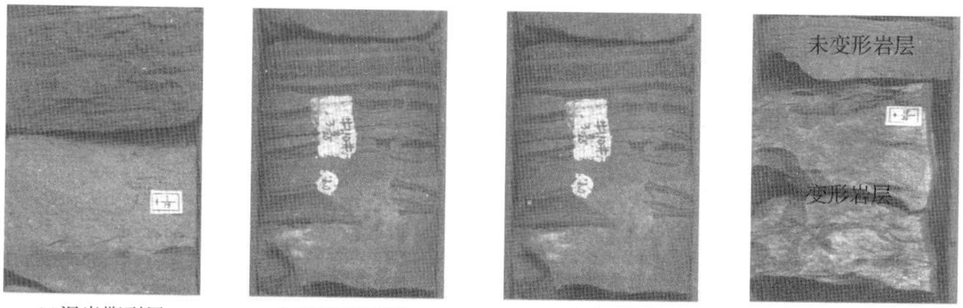

(a)泥岩撕裂屑　(b)液化砂岩脉　(c)砂质注入体　(d)搅浑砂岩夹变形碎屑

图 3－22　牛 110 井岩心沉积构造特征

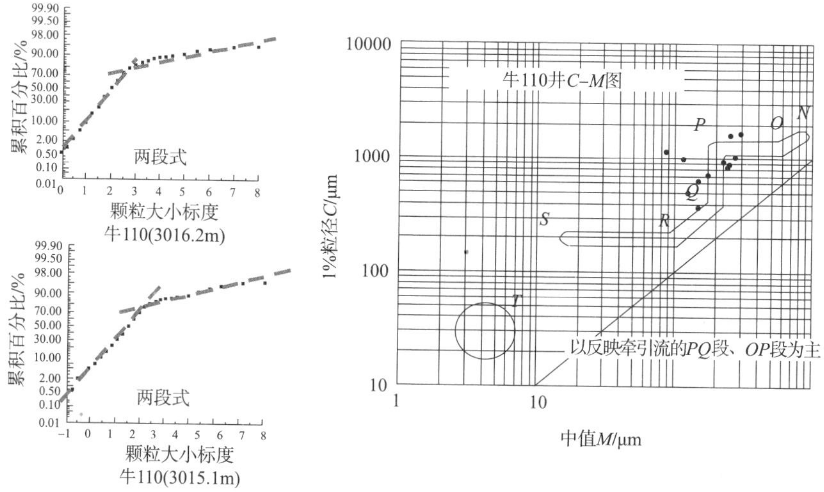

图 3－23　牛 110 井岩心粒度特征

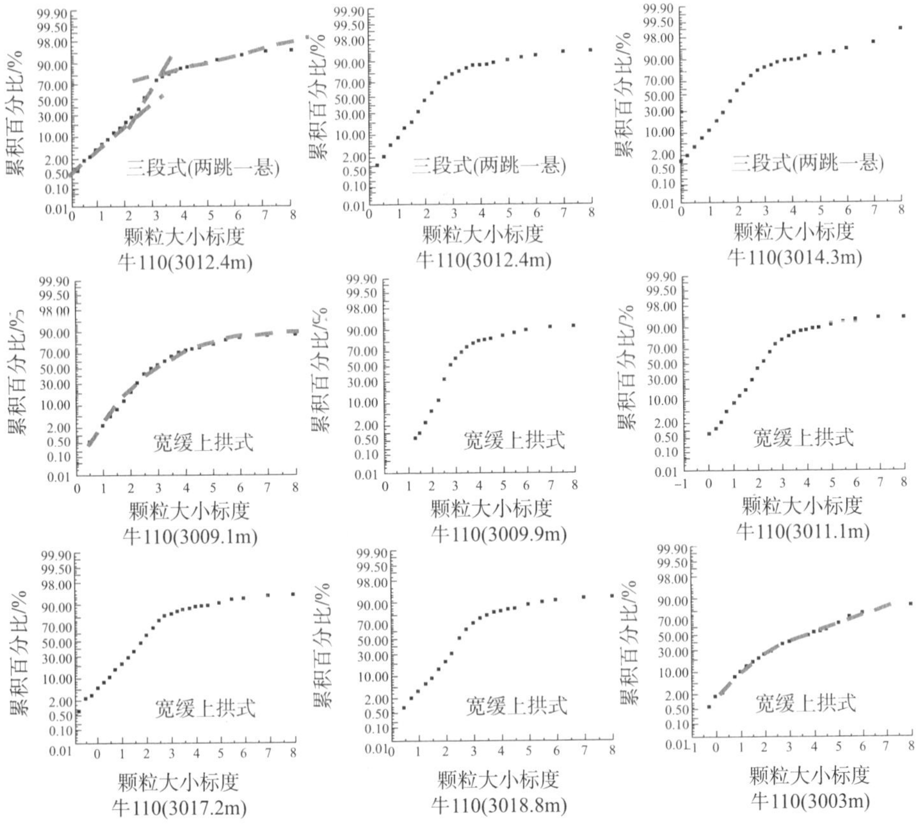

图 3－23　牛 110 井岩心粒度特征(续)

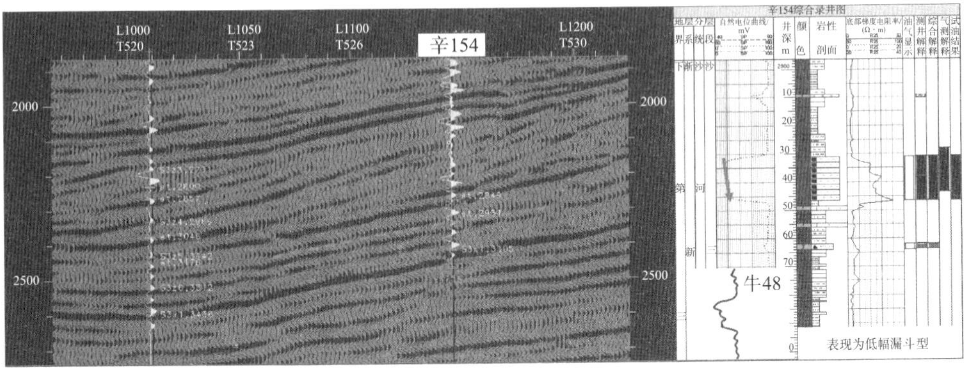

图 3－24　辛 154 井地球物理响应特征

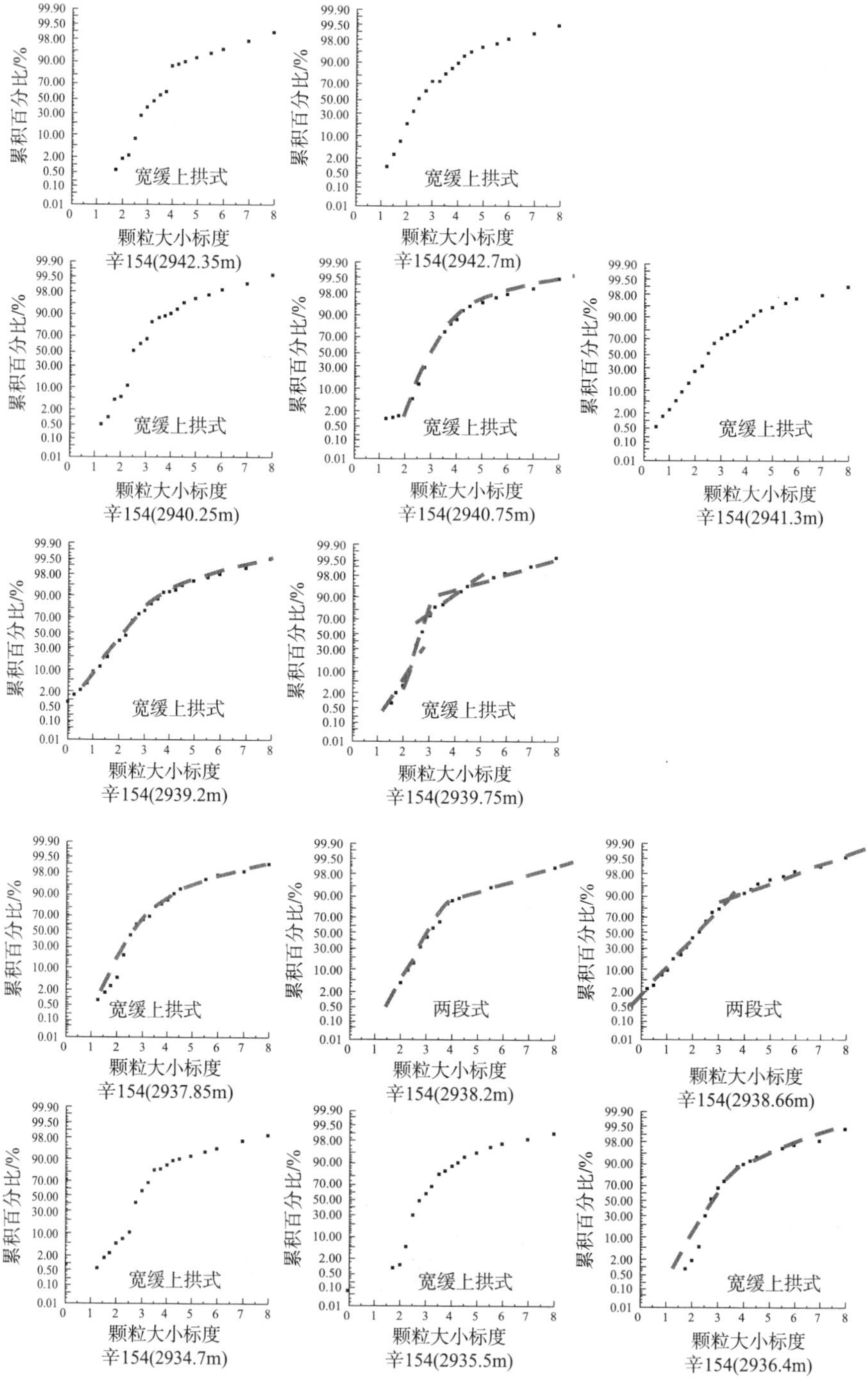

图 3－25　辛 154 井概率累积曲线特征

2) 连井砂体对比

在单井砂体识别的基础上，需要开展大量的连井砂体对比研究，才能从宏观地质背景出发落实坡移扇砂体在剖面上的分布范围。通过连井砂体对比，首先可以确定三角洲前缘推进的距离，以牛庄东坡为例，从牛871井－牛斜109井近东西向砂体对比面(图3－27)上可以看出，沙三中亚段Z6、Z5沉积时期，牛871－牛斜109井区主要为半深湖－深湖相沉积，发育重力流成因砂体，Z4沉积时期三角洲前缘推至王584－牛85井区一带，但是牛871－王584井区仍以发育重力流成因砂体为主；自Z3沉积时期开始，该井区主要发育三角洲沉积。同样，从王127井－牛85井近南北向砂体对比图(图3－28)和通63井－牛87井近南北向砂体对比图(图3－29)上亦可以看出类似的沉积规律，其中Z6沉积时期坡移扇砂体最为发育、分布范围广；Z5沉积时期，坡移扇规模相对较小；Z4沉积时期，坡移扇分布范围局限，单砂体数量较多。

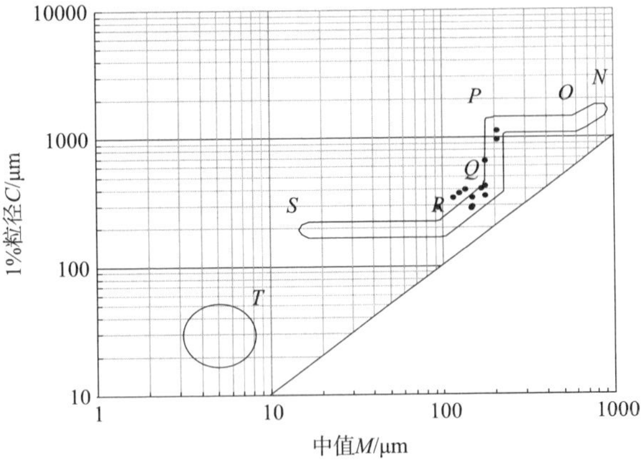

图3－26　辛154井 $C-M$ 图粒度特征

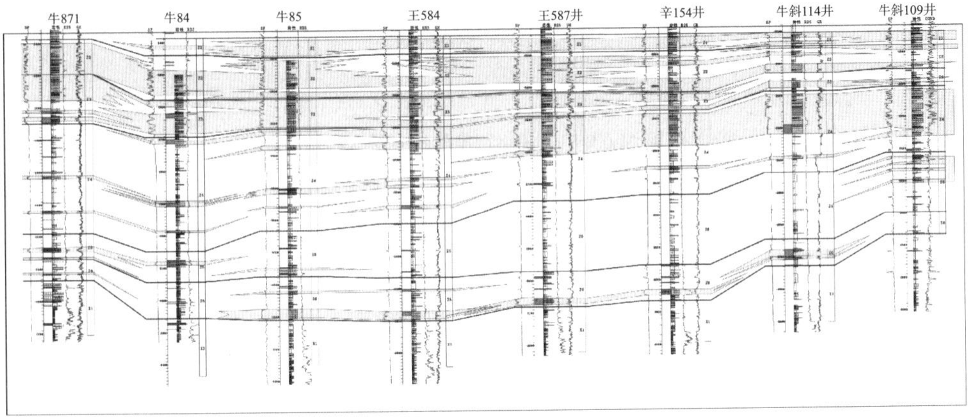

图3－27　牛庄东坡牛871井－牛斜109井沙三中亚段近东西向砂体对比图

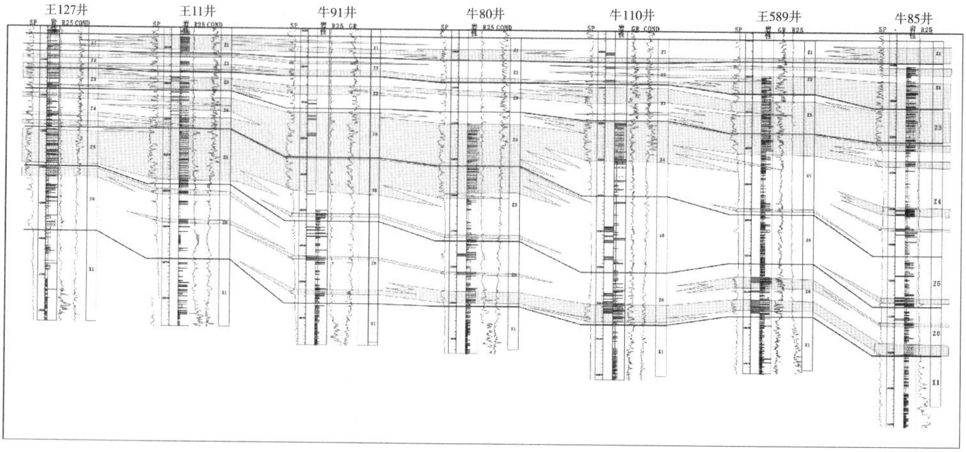

图 3－28　牛庄东坡王 127 井－牛 85 井沙三中亚段近南北向砂体对比图

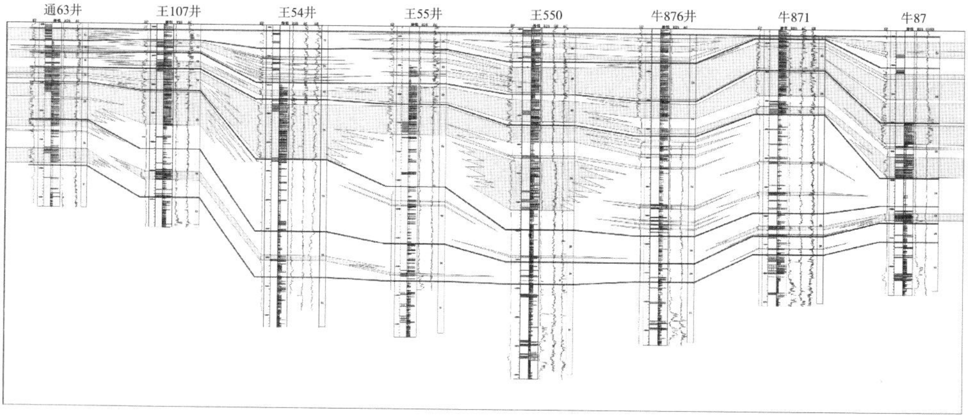

图 3－29　牛庄东坡通 63 井－牛 87 井沙三中亚段近南北向砂体对比图

3.2.3　剖面沉积相特征

在砂体对比分析的基础上，开展了剖面沉积相研究，完成了数条沉积相剖面图(图 3－30 ~ 图 3－34)。研究表明，坡移扇砂体在剖面上具有以下两个典型特征：(1)从斜坡带到洼陷带依次发育滑动或滑塌、碎屑流和浊积岩重力流沉积体系；滑动或滑塌的滑移距离近，一般发育在滨浅湖区，碎屑流主要分布在半深湖区。(2)不同期次的重力流砂体在垂向上叠置发育，自下而上依次为浊积岩－碎屑流－滑动或滑塌。

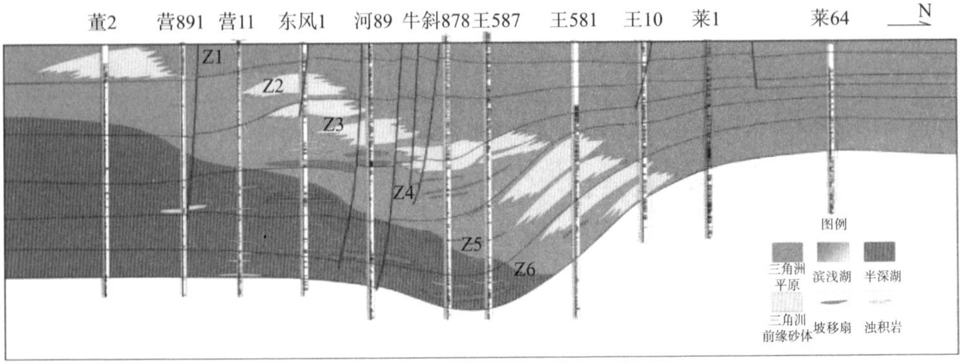

图 3－30 东营凹陷沙三中亚段董 2 井－莱 64 井近东西向连井沉积对比剖面图

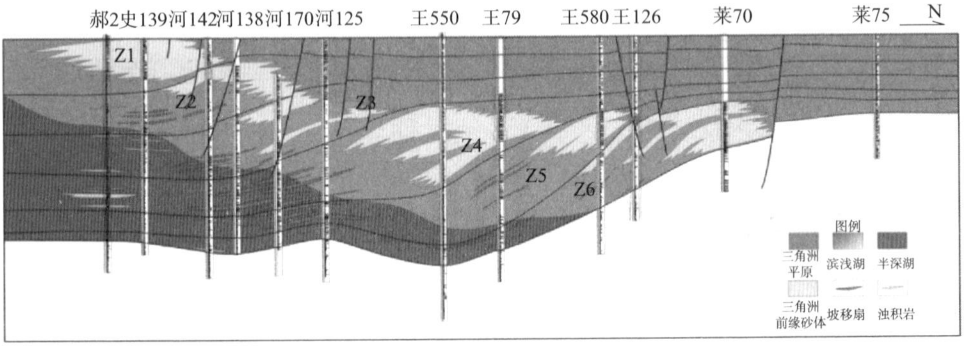

图 3－31 东营凹陷沙三中亚段郝 2 井－莱 75 井近东西向连井沉积对比剖面图

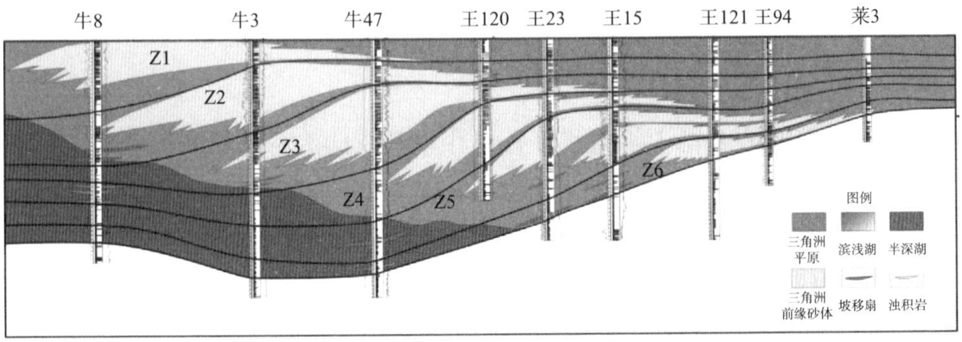

图 3－32 东营凹陷沙三中亚段牛 8 井－莱 3 井近东西向连井沉积对比剖面

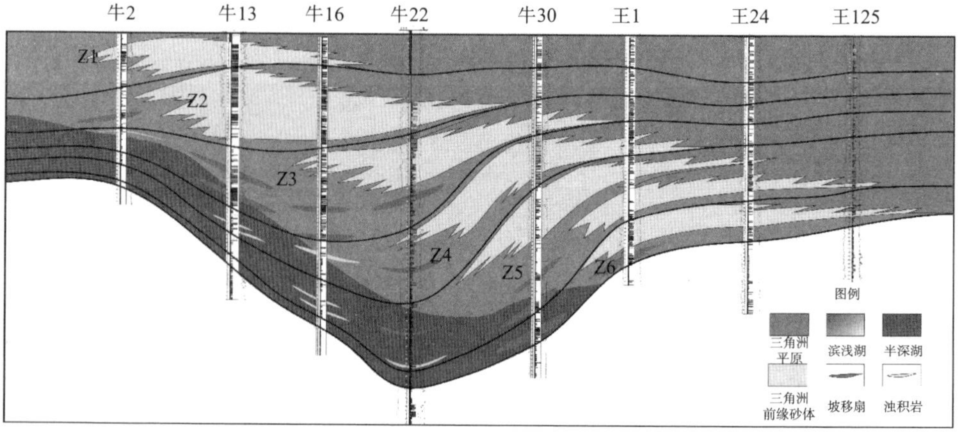

图 3－33　东营凹陷沙三中亚段牛 2 井－王 125 井近东西向连井沉积对比剖面图

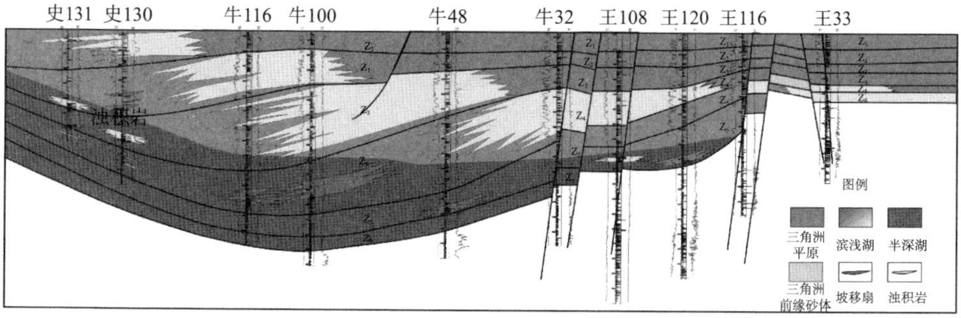

图 3－34　东营凹陷沙三中亚段史 131 井－王 33 井近东西向连井沉积对比剖面图

3.2.4　平面沉积相特征

在剖面研究的基础上，完成了沙三中亚段 Z1～Z6 的平面沉积相展布图（图 3－35～图 3－40）。研究表明，坡移扇砂体在平面上也具有以下两个典型特征：(1)平面上自 Z6 到 Z1 坡移扇的范围依次减小，主要分布于主物源前方开阔的斜坡带。(2)牛庄东坡大面积发育坡移扇，砂体分布稳定、叠合连片，牛庄南坡坡移扇展布面积变化大，多孤立分布。

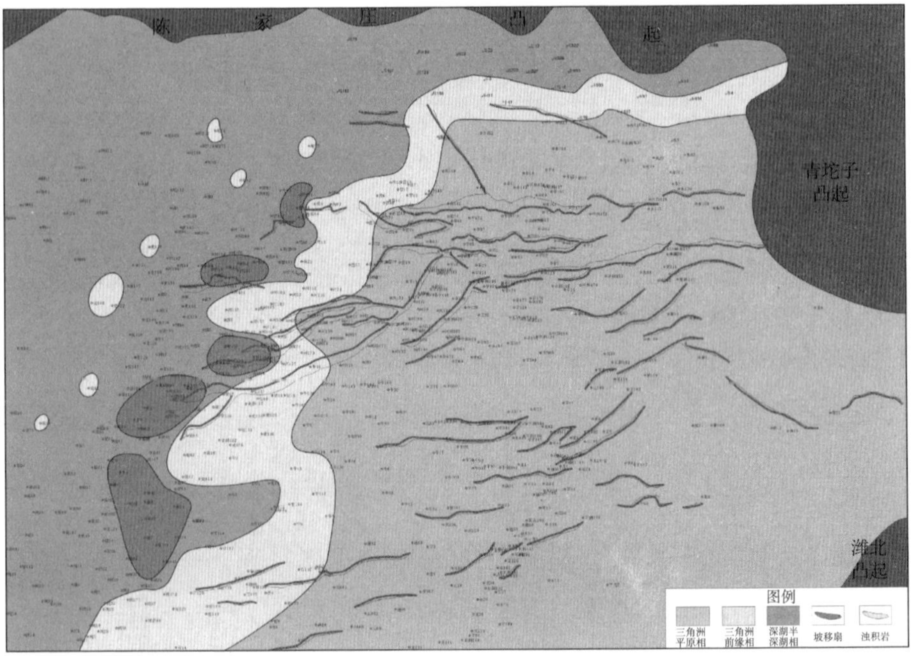

图 3-35 东营凹陷沙三中亚段 Z1(1 砂组)沉积相平面图

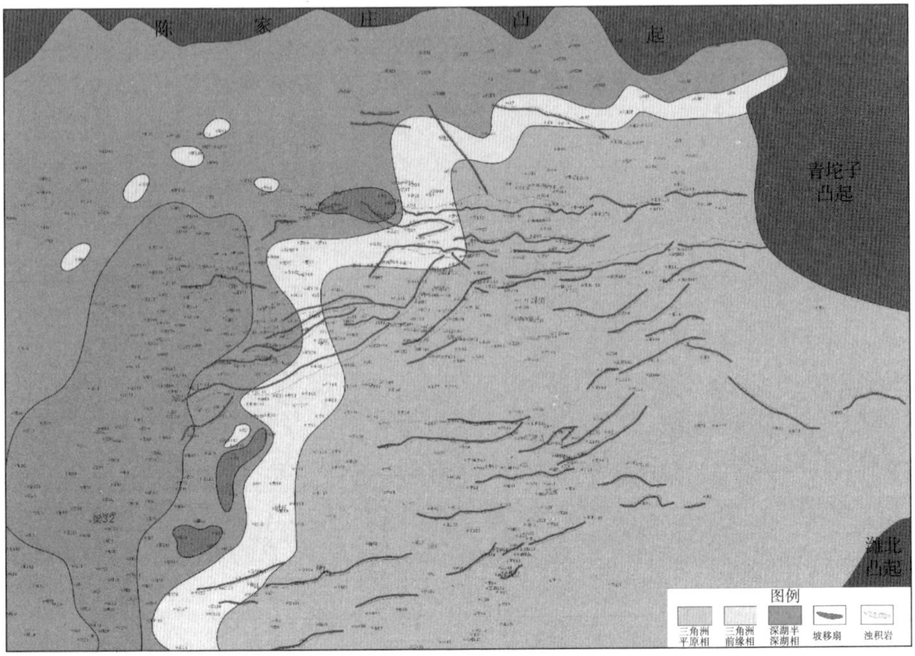

图 3-36 东营凹陷沙三中亚段 Z2(2 砂组)沉积相平面图

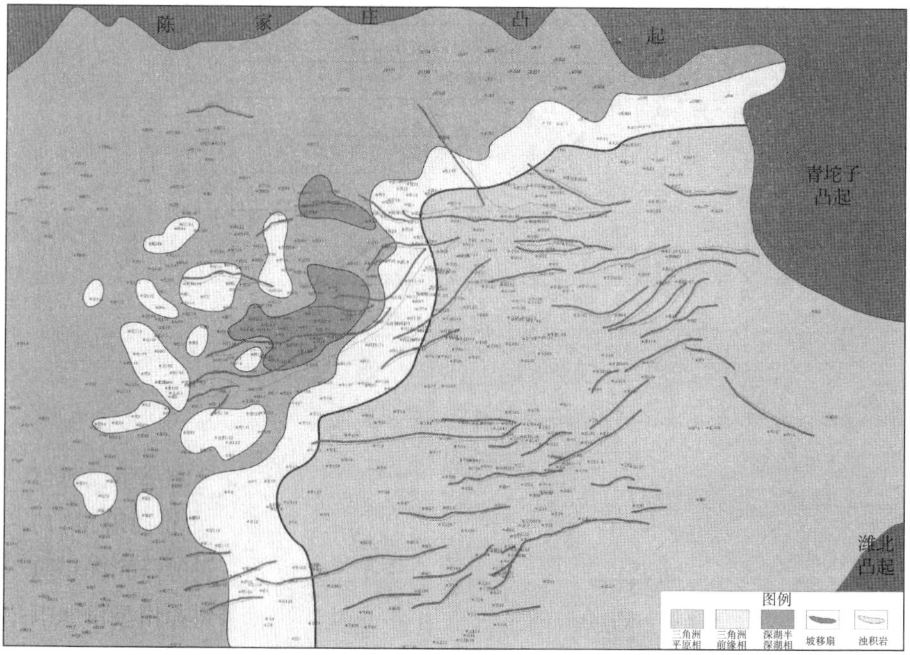

图 3－37　东营凹陷沙三中亚段 Z3(3 砂组)沉积相平面图

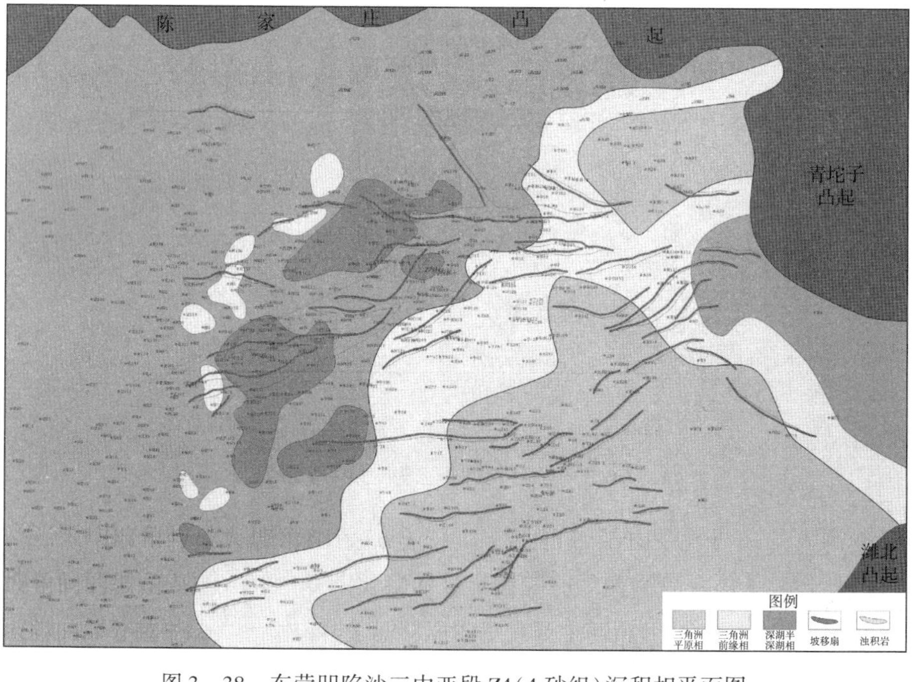

图 3－38　东营凹陷沙三中亚段 Z4(4 砂组)沉积相平面图

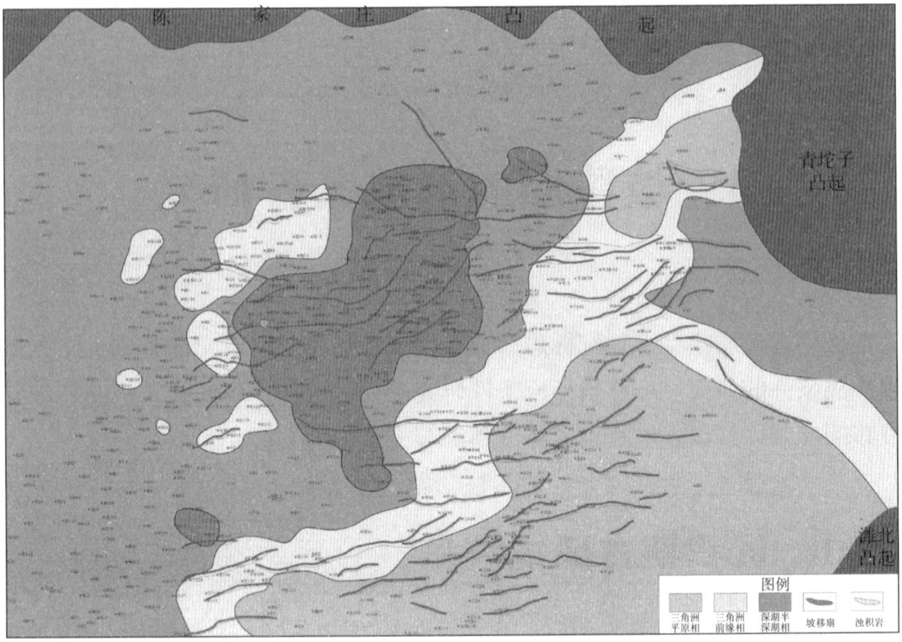

图 3-39 东营凹陷沙三中亚段 Z5(5 砂组)沉积相平面图

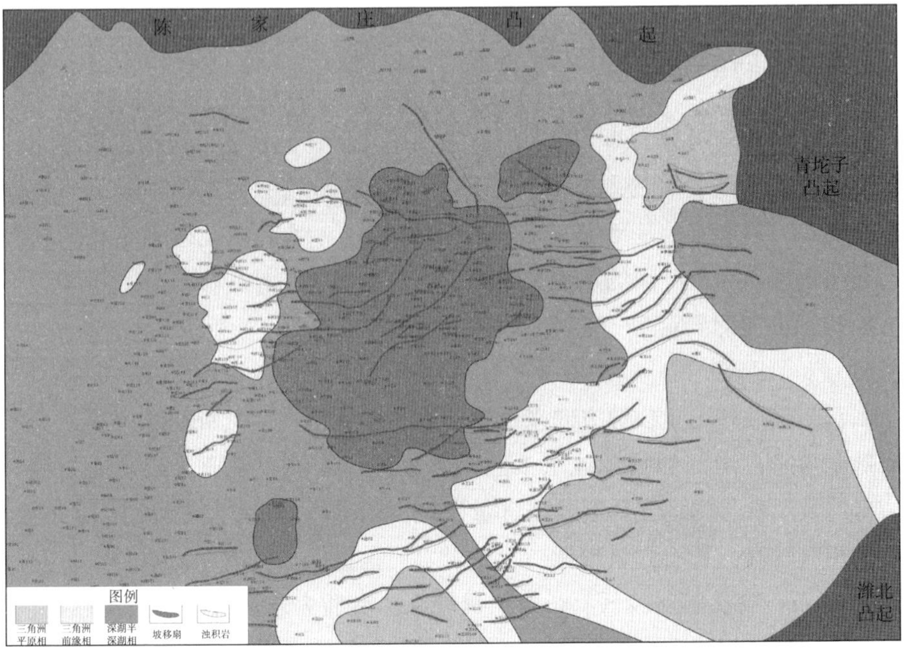

图 3-40 东营凹陷沙三中亚段 Z6(6 砂组)沉积相平面图

4 坡移扇的形成条件研究

在坡移扇地质模型、识别标志、分布模式及展布规律研究的基础上，开展坡移扇形成条件的研究。坡移扇形成条件研究主要包含坡移扇的触发机制、坡移砂体展布的控制因素以及坡移扇砂体的预测等三个方面。

4.1 沉积期古环境恢复

研究坡移扇的形成条件需要对坡移扇沉积时期的古沉积环境进行有效的恢复，本文对古物源、古地貌、古水深和古坡角等沉积环境进行探讨及恢复。

4.1.1 古物源

古物源的确定可分为两个层次：首先利用常规物源恢复方法确定坡移扇体的物源方向，但是仅确定物源方向对于剖析坡移扇形成的控制因素远远不够，因此，在物源方向确定的基础上，建立了物源 DNA 参数，以此来确定相同物源方向不同三角洲前缘朵叶间的亲疏关系。

1)物源方向的确定

(1)岩石组分。

东营凹陷坡移扇主物源方向来自较远的东营三角洲，其沉积物碎屑组分的成分成熟度与来自南部的物源体系不同，通过统计的沙三中亚段砂岩的石英、长石、岩屑及反映母岩的变质岩岩屑含量发现，东部物源(王 52 井、牛 21 井等)石英含量相对较高，长石含量较低，变质岩岩屑含量低，而南部物源(官 11 井、王 108 井等)石英含量相对较低，长石含量较高，变质岩岩屑含量高(图 4 - 1)；来自东部物源的砂岩成分成熟度[石英含量/(长石含量 + 岩屑含量)]较高；从变质岩岩屑含量来看，来自南部广饶凸起的陈官庄三角洲(南部物源)含量较高，表明物源区母岩中含变质岩成分较高，另外从南部物源体系的碎屑组分分布来看，其物源存在南部与东南部两个分支方向向北方及西北方向推进的特点。

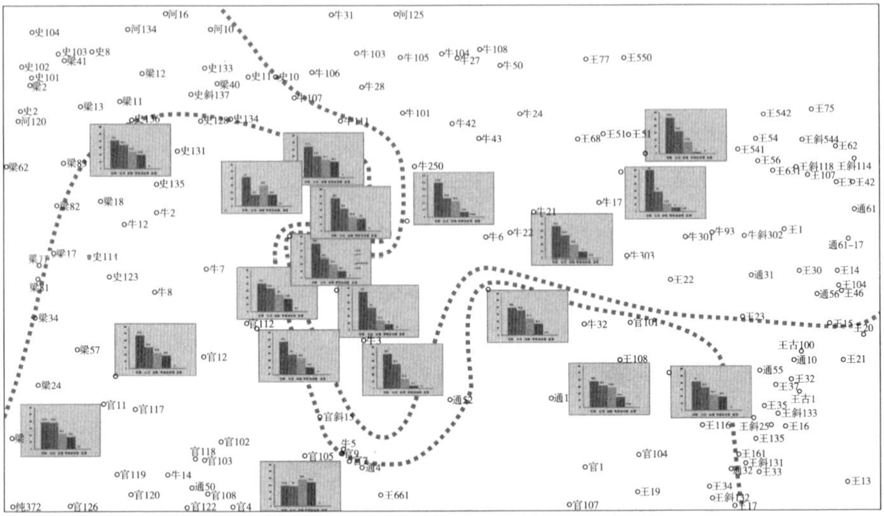

图 4－1 牛庄二台阶沙三中亚段岩石组分物源分析图

(2)重矿物。

由于母岩携带的重矿物含量及其稳定性均不同，因此，不同母岩区的碎屑岩具有不同的重矿物组合，且距离物源区越远位置的稳定重矿物含量较高。重矿物由于其稳定性强、耐风化，能较全地保留母岩沉积物的特征，在物源分析中具有重要作用。

选取的重矿物种类有锆石、电气石、石榴石、钛磁铁矿、赤褐铁矿、黑云母、绿帘石、角闪石、榍石、金红石、十字石。由于重矿物含量数据点较少，目前有牛 1 井、牛 2 井、牛 3 井、通 4 井和通 10 井共 5 口井的资料，重矿物分布特征概括为 2 种模式：一种是“双峰形”，表现为锆石、石榴石含量高于 30%，其他矿物含量小于 10%，该类分布在陈官庄以北地区，结合碎屑组分研究成果认为是东部物源重矿物分布模式[图 4－2(a)]；另一种是“多峰形”，表现为锆石、石榴石、钛磁铁矿、绿帘石含量为 10%～40%，其他矿物含量小于 5%，该类分布于陈官庄以东地区，认为是南部物源重矿物分布模式[图 4－2(b)]。

(3)特征元素。

碎屑岩中地球化学特征元素在搬运和沉积作用中含量较为稳定，由于受母岩

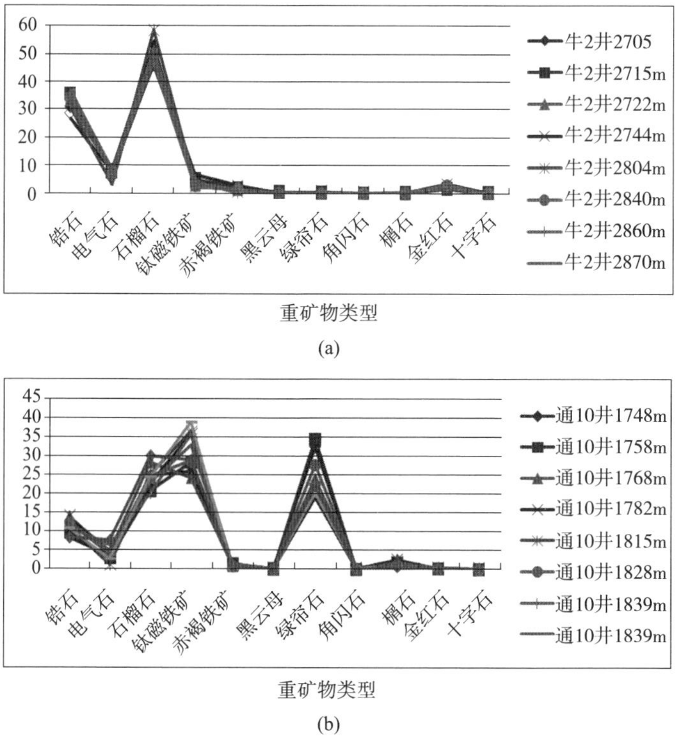

图4－2　牛庄洼陷沙三中亚段物源体系重矿物分布模式

化学性质的影响，其元素特征相关性较好，在沉积区与物源区具有一定的对比性，在物源分析中具有重要作用。操应长、徐涛玉等2008年针对东营凹陷广利西地区沙四上亚段的研究中提出了V/Co、Mg/Mn、Ni/Co、Mn/Sr、Ba/Mn、Fe/K、Ba/Sr、Mg/Ca、Al/Na、Mg/Al这10种特征元素比值可较好地反映物源体系特征。考虑到牛庄洼陷与广利西地区同属东营凹陷东部，同时其物源区具有一定程度的相似性，上述10个特征元素比值对该区的物源研究有较好的应用效果。

特征元素数据来自胜利油田勘探开发研究院地质测试中心，采用ICP－AES方法测定的砂岩样品中的微量元素作为物源示踪指标，综合特征元素可以看出，两个区域相似性较强，一种是东部区域内的低缓峰值形的模式（牛110井、王542井、王541井、牛21井、牛16井和官10井），另一种是南部区域内的三峰或四峰形的模式（官11井、官117井、官12井、梁57井、史135井和牛116井），这两种模式代表了截然不同的两个物源体系，其中东部来自东营三角洲物源，南部来自陈官庄三角洲物源。

东部物源体系特征元素比值图具有低缓峰值形态，而南部物源体系的特征元素比值图是三峰或者四峰形态；另外，根据不同井相似系数的近邻法聚类分析结果综合判断东部、北部牛 16 - 王 541 井区属于东部物源体系；西部、南部官 11—王 108 井区属于南部物源体系；牛 2 - 官 10 - 牛 100 井区属于东南混源体系（图 4 - 3）。

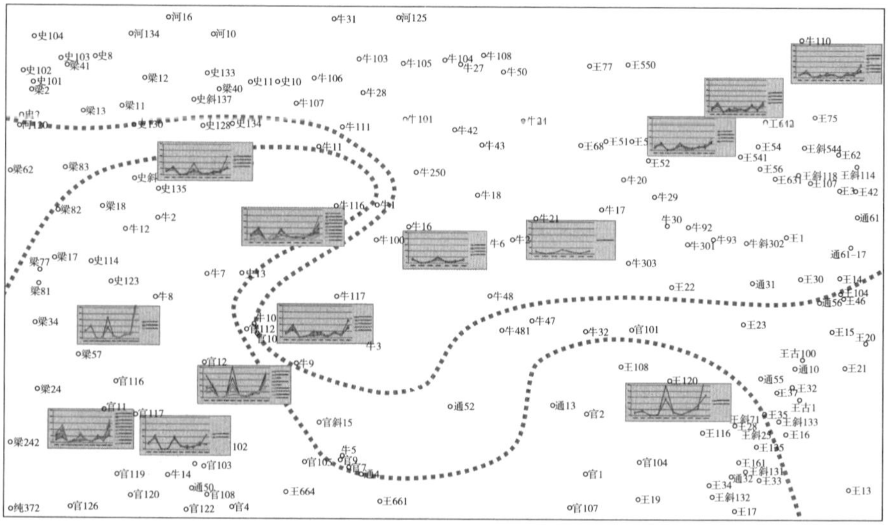

图 4 - 3　元素地球化学物源分析图

基于古地貌和沉积背景的研究，应用碎屑岩石组分、重矿物含量及元素地球化学等方法对牛庄洼陷南坡地区的物源体系进行了厘定，综合以上几种研究方法对该区 29 口取心井的物源数据进行分析，表明该区总体上发育两种类型的物源体系，其中东部物源体系具有高石英含量、低长石含量、低变质岩岩屑含量，重矿物含量表现为双峰形，特征元素表现为低缓峰值形；南部物源体系表现为低石英含量、高长石含量、高变质岩岩屑含量，重矿物含量表现为多峰形，特征元素表现为低三峰或四峰形。由图 4 - 4 可以看出，两支物源体系在东部边界清晰，在西部牛 2 - 牛 100 井区发生交会，结合沉积背景和钻井情况得知，该区是三角洲前缘滑塌浊积岩集中发育区，因此，物源边界较为混乱，反映了两支物源在该区交会的特点。

2）物源 DNA 参数的提取

（1）重矿物 DNA 参数。

研究过程中，需要精细厘定相同物源方向不同朵叶间的亲疏关系，而利用重

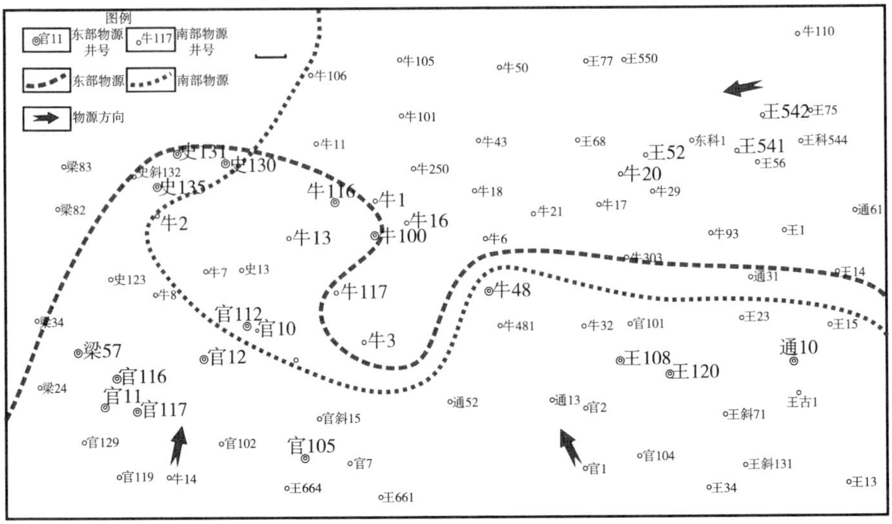

图 4－4　牛庄洼陷南坡沙三中亚段物源综合分析图

矿物的分布特征模式图(图 4－2)以及聚类分析的方法，仅能判断物源方向。例如，利用重矿物分布模式图和聚类分析结果，综合判识牛 1 井、牛 2 井、牛 3 井均为东部物源，其中牛 2 井发育重力流成因砂体。借助地震剖面，向正东方向可以追踪到牛 1 井区的三角洲前缘朵叶(图 4－5)，而向东南方向可以追踪到牛 3 井区的三角洲前缘朵叶(图 4－6)。为了精确落实牛 2 井区的坡移扇与牛 1 井区、牛 3 井区三角洲前缘朵叶的亲疏关系，研究过程中，根据重矿物分布特征模式图中各矿物的分布情况，优选了区分度较大的锆石、石榴石、钛磁铁矿三种重矿物的含量建立了三角图版。从三角图版来看，南部物源与东部物源的样本点分区性好；将同为东部物源的牛 1 井、牛 2 井、牛 3 井对应的参数投到图版上，可看出

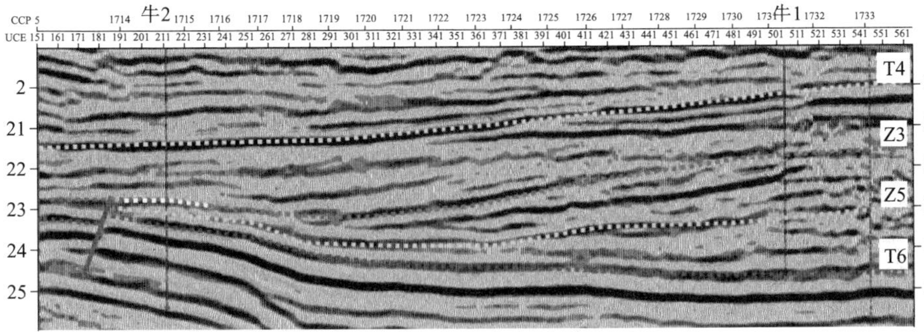

图 4－5　牛庄洼陷牛 2 井－牛 1 井地震剖面图

牛2井与牛3井的距离更近、更集中，与牛1井的距离较远，由此可判断牛2井的坡移砂体来自牛3井区的三角洲前缘朵叶体(图4-7)。

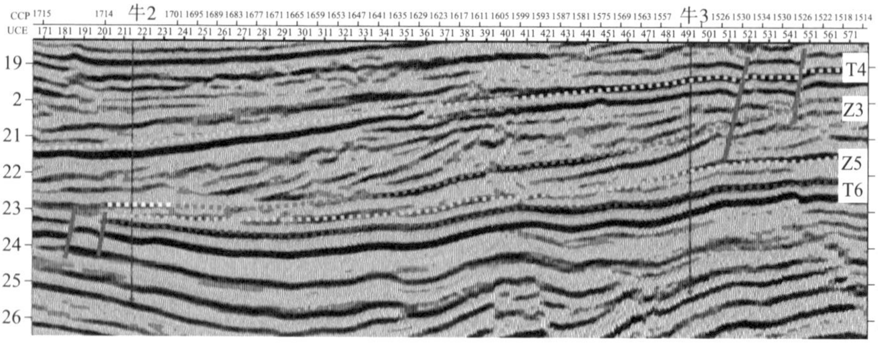

图4-6 牛庄洼陷牛2井-牛3井地震剖面图

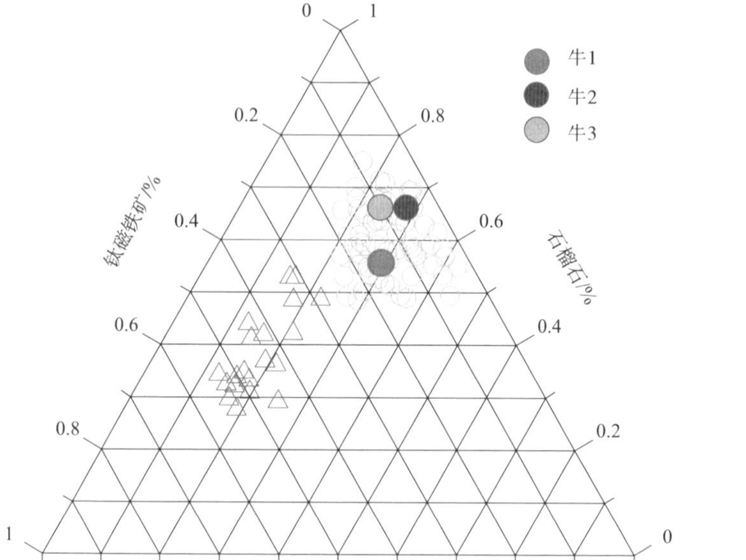

图4-7 重矿物物源DNA判识图版及应用效果图

(2)特征元素物源DNA参数。

综合特征元素比值分布模式及特征比值参数分析进行，优选Ni/Co、Ba/Mn和Al/Mg三个特征元素比值作为物源追踪的DNA参数指标，计算物源指数，可有效追踪坡移扇体的物源朵叶。

物源指数计算公式如下：

$$PI_1 = \frac{\sum_{j=1}^{m}\sum_{j=1}^{n} | C_{ij} - C_{1j} | /R(j)}{\left[\sum_{j=1}^{m}\sum_{j=1}^{n} | C_{ij} - C_{1j} | /R(j) + \sum_{j=1}^{m}\sum_{j=1}^{n} (| C_{ij} - C_{2j} |)/R(j)\right]} \qquad (4-1)$$

式中，PI_1为待判沉积物与端元沉积物 1 间的物源指数；C_{ij}为第 i 个样品的第 j 个特征元素比值；C_{1j}和 C_{2j}分别表示端元沉积物 1 与端元沉积物 2 中第 j 个特征元素比值的平均值；$R(j)$ 为沉积物中第 j 个特征元素比值的极差；n 表示样品个数；m 表示特征元素比值个数。

PI 反映沉积物之间化学成分的接近程度，其值为 0 ~ 1，根据物源指数判识物源方向的标准如下：

$0 < PI_1 < 0.45$，物源为端元沉积物 1；

$0.45 < PI_1 < 0.55$，物源为端元沉积物 1 和端元沉积物 2 的混源；

$0.55 < PI_1 < 1$，物源为端元沉积物 2。

因此，根据物源指数值的大小判断物源方向；另外，对于相同物源的砂体可以根据物源指数值的接近程度判断朵叶间的亲疏关系。例如，官 11 井、官 117 井、牛 116 井、史 135 井的物源指数分别为 0.1998、0.1680、0.3091、0.3386（表 4 - 1），4 口井区的砂体均来自南部物源，根据数值的接近程度，又可以判断官 11 井、官 117 井的砂体来自相同三角洲前缘朵叶，牛 116 井、史 135 井的砂体来自同一物源朵叶。

表 4 - 1　特征元素物源 DNA 指数计算表

井号	样品深度/m	砂层组	PI 南	PI 东	物源判识	样品数
官 11	2883.26 ~ 2893.2	$Z_4 + Z_5$	0.1998	0.8002	南部物源	10
官 117	2825.8 ~ 2826.7	Z_3	0.1680	0.8320	南部物源	2
牛 110	3001.1 ~ 3019.2	Z_6	0.5872	0.4128	东部物源	5
牛 116	3097 ~ 3112.3	Z_3	0.3091	0.6909	南部物源	9
史 135	2806.35 ~ 2910.6	Z_2	0.3386	0.6614	南部物源	4
王 120	2006 4 ~ 2008.7	Z_3	0.1364	0.8636	南部物源	2

4.1.2 古坡角

1)现今地层倾角

结合地震剖面可以计算各砂层组的最大地层倾角值，以牛庄南坡牛 100 井区、牛 116 井区以及牛 48 井区为例，由史 131 井 – 王 23 井沉积相剖面与倾角计算综合图可知(图 4 –8)，地层最大倾角为 3.86°~8.01°，其中 Z4、Z5、Z6 的地层最大倾角在 6°以上，更有利于坡移扇的形成。

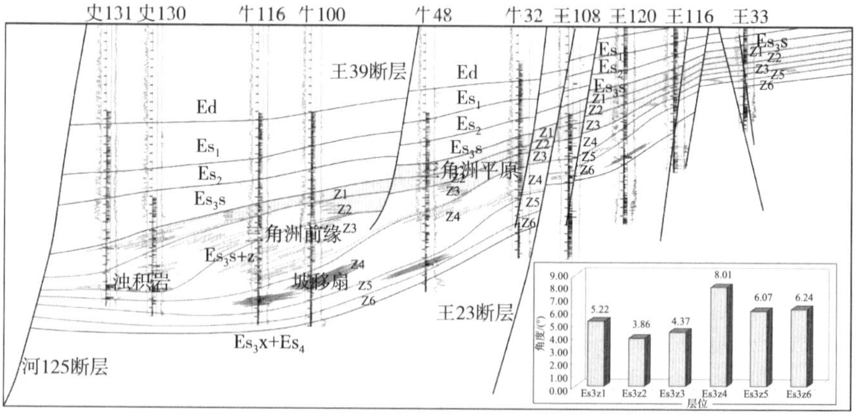

图 4 –8　Z4 沉积时期古水深与坡移扇体展布范围叠合图

2)基于滨线轨迹的古坡角恢复技术

三角洲沉积坡度对于三角洲体系相带及内部构成均具有重要的意义，然而，由于三角洲朵体沉积之后压实及后期变形，很难准确确定三角洲原始沉积坡度，迄今为止还未见有效的分析方法。本书中首次提出了利用回剥和正演相结合的方法，对三角洲原始沉积坡度进行了定量计算。

三角洲原始沉积坡角分析的基本原理和步骤如下：

(1)采用回剥法求取每个四级层序厚度，沿三角洲进积方向选择地震剖面，采集各地层单元的数据点，在时深转换之后运用回剥法恢复各个四级层序的原始地层厚度。

(2)结合井震资料在剖面上划分欠补偿、补偿和过补偿沉积带，特别是滨线轨迹线的位置，每个四级层序末期仍为三角洲前缘沉积，即欠补偿沉积区，三角洲平原为补偿沉积区，更靠近物源方向为过补偿沉积区或沉积物过路区。

(3)确定 2 个关键点，即三角洲平原与三角洲前缘分界的湖岸线和三角洲前

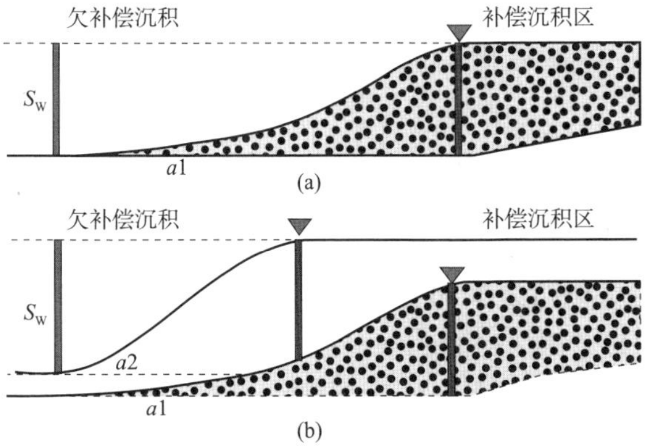

图 4-9　三角洲原始沉积坡度分析图

缘尖灭点，如前文所述，根据地震剖面反射特征可以很容易地识别出每个四级层序末期的滨线位置，而三角洲前缘尖灭点为三角洲前积楔形体的尖灭点。

（4）采用正演法求取每个四级层序三角洲原始沉积坡度，由于三角洲前积过程中沉积物厚度和沉积坡度受到前一个三角洲朵体形成之后的古地貌影响，因此，研究过程中需要选取一个相对平坦的面作为参考面。本次以沙三下亚段的底面作为参考面，随后采用正演法将沉积层逐层相加，每加 1 层即可获取该层沉积末期的古沉积坡度，其计算模式如图 4-9 和图 4-10 所示。研究结果表明有利于坡移扇发育的古坡角为 1.1°～1.8°。

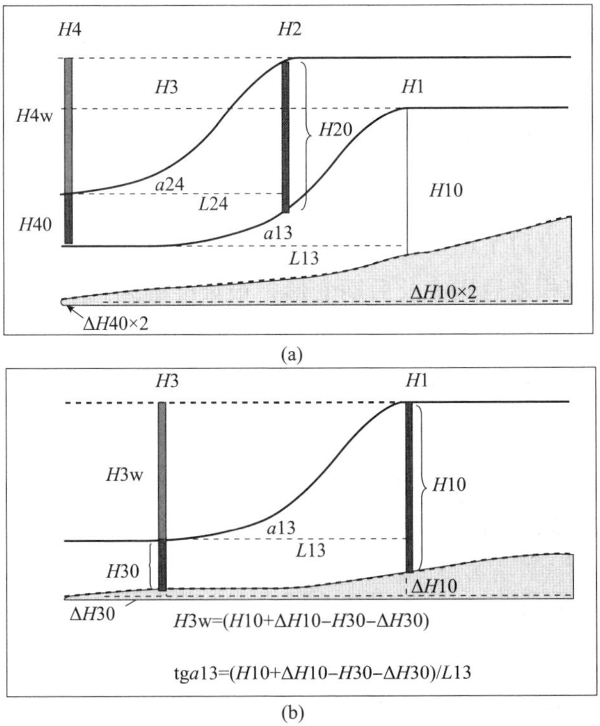

图 4-10　三角洲原始沉积坡度定量计算方法图

4.1.3 古水深

姜在兴等在研究风暴体系时就提出浊积岩主要发育于风暴浪基面以下，根据建立的剖面模式来看，坡移扇主要发育于正常浪基面与风暴浪基面之间。因此，通过对古水深的准确恢复，结合对已知区域坡移扇发育深度规律的统计，确定出每个沉积时期正常浪基面与风暴浪基面的水深范围，从而对未知区域坡移扇的有利发育区进行预测。目前，古水深的恢复方法主要包括元素法、微体古生物门类叠合法、颗石丰度法等，其中元素法和微体古生物门类叠合法受化石点数据限制，仅能确定出不同部位的相对高低，颗石丰度法受颗石藻生活习性的限制，适用于海岸线附近区域，本次研究过程中选用了基于滨线轨迹的古水深恢复技术和基于 TOC 的古水深恢复技术。

1）基于滨线轨迹的古水深恢复技术

（1）滨线轨迹法求取古水深的基本原理。

①滨线轨迹的指示意义。滨线轨迹是指滨线随时间变化在空间上表现出来的形态轨迹，在二维剖面上是一条曲线。假定不考虑负载压实，那么图 4－11（a）和图 4－11（b）反映了三角洲中两个四级层序的基本形成过程，其中图 4－11（b）中的箭头即为滨线轨迹，其在垂向上的分量即为第二个四级层序形成时可容纳空间的变化量 ΔA［图 4－11（c）］。由此可以得知，滨线轨迹的垂向分量指示了可容纳空间的变化。

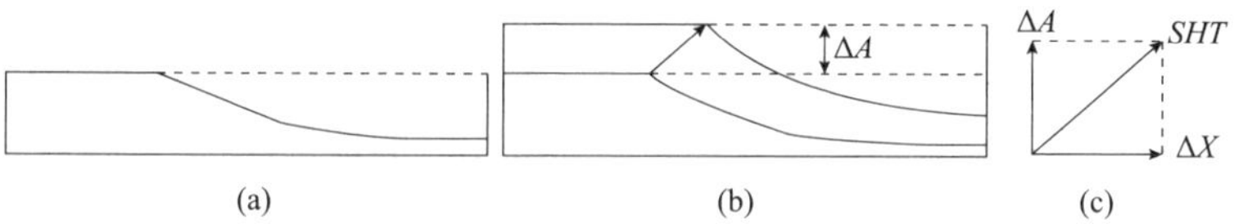

图 4－11　滨线轨迹及其指示意义

②滨线轨迹法求取古水深的基本假设。在滨线轨迹法求取古水深的过程中，引入以下假设。

a. 三级层序内不存在不整合界面，其初始和最终地形已知。滨线轨迹法求取古水深的关键问题之一是得到可容纳空间，在假定初始和最终地形的情况下，总可容纳空间（A_t）可以根据沉积物厚度（S_t）与残余水深（D_r）求取，即 $A_t = S_t + D_r$。在本次计算中，假设初始地形和最终地形都为水平（$D_r = 0$），则 $A_t = S_t$。

b. 三角洲进积体（四级层序）为等时形成。该假设与天文地层学中的米氏周期理论相一致。在进行构造差异校正时，将用到该假设。

c. 三级层序内不同点构造差异为匀速沉降。在进行构造差异校正时，将用到该假设。

③滨线轨迹法求取古水深的基本原理。以盆地初始地形水平为例，对于三角洲进积体(或退积体、加积体，下同)而言，由滨线处记录的垂向厚度代表了可容纳空间(A)的大小，对于其他任何厚度为 S 的地层，其对应的古水深 D 可用公式 $D=A-S$ 来求取，其中 A 代表可容纳空间，S 代表沉积物供给量，D 代表水深[图 4－12(a)]。

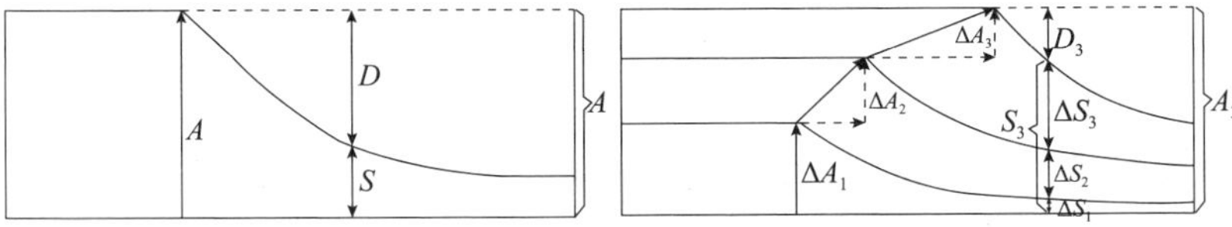

(a)单层情况下求取古水深　　(b)多层（此处为3层）情况下求取古水深

图 4－12　古水深求取示意图

对于具有 n 套进积体的三角洲体系而言，第 n 期形成时的古水深 D_n 可用如下公式求取：

$$D_n = A_n - S_n \tag{4-2}$$

式中，$A_n = \sum_{i=1}^{n} A_i$，A_i 为第 i 套进积体形成时的可容纳空间变化；$S_n = \sum_{i=1}^{n} S_i$，S_i 为第 i 套进积体的沉积物厚度。

图 4－12(b)为一个三套进积体三角洲体系古水深的求取示意图。

④计算中对负载地层压实情况的考虑。三角洲形成过程中会对其下地层产生负载压实，从而引起现今地层厚度小于实际沉积时的地层厚度。所以，滨线轨迹可以定义为两类：视滨线轨迹和真滨线轨迹。视滨线轨迹中同时含有了负载压实和可容纳空间两种信息，因此，需要对其进行去负载压实，得到只含有可容纳空间信息的真滨线轨迹(图 4－13)。图 4－13(b)为地层去负载压实情况下求取古水深的示意图，在该情况下求取的古水深为真实古水深。

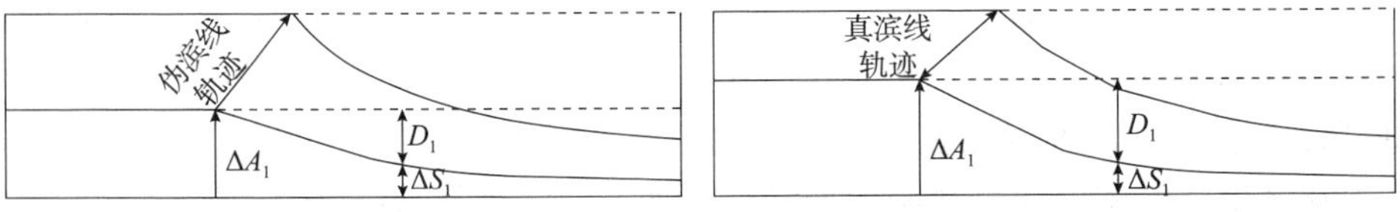

(a)地层已压实情况下求取古水深　　(b)地层去压实情况下求取古水深

图 4－13　压实情况下滨线轨迹法求取古水深示意图

⑤计算中对盆地不同地区差异沉降的考虑。在实际工作中，地形水平的假设显然与事实不符，这是因为盆地各处地形存在着很大的差异性，此时滨线轨迹所记录的可容纳空间($\overline{A}$)便不能代表盆地内各点的实际可容纳空间(A)，两者之间的关系为(图 4－14)：

$$A = \overline{A} + T \tag{4-3}$$

式中，T 为差异沉降量。

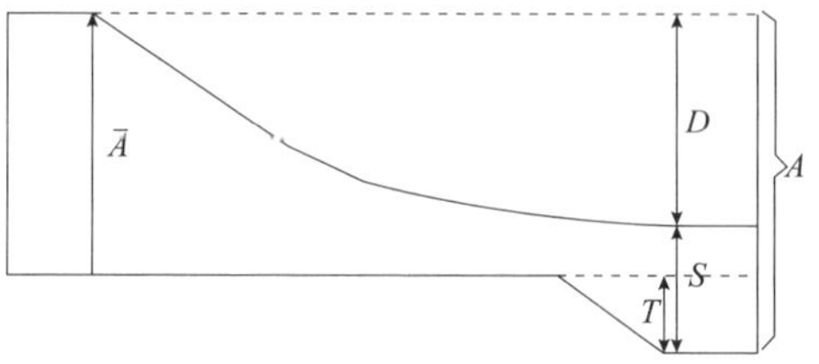

图 4－14　存在地形差异情况的古水深求取示意图

因此，需要在实际古水深计算中加入差异沉降校正。如图 4－14 所示，此时古水深 D 可用下式求取：

$$D = \overline{A} + T - S \tag{4-4}$$

对于一个含有 N 个进积体的三角洲而言，根据构造活动强度与当期沉积物厚度呈正比关系的假设，可以得到如下关系来求取第 n 期三角洲进积体时的差异沉降量 T_n：

$$T_n = (\alpha - 1)\overline{A}_n \tag{4-5}$$

式中，$\alpha = \overline{A}_N / S_N$，称作可容纳空间趋势因子；$S_N$ 为总地层厚度。

这样就可以得到存在地形差异情况下求取第 n 期进积体形成时古水深的一般方法：

$$D_n = \overline{A}_n + T_n - S_n \tag{4-6}$$

式中，$\overline{A}_n = \sum_{i=1}^{n} \overline{A}_i$；$S_n = \sum_{i=1}^{n} S_i$。

(2)滨线轨迹法所需数据与实际方法流程。

①所需数据。通过上述分析可以看出，用滨线轨迹法求取古水深所需要的原始数据包括三角洲进积体界面深度和岩石物性。其中三角洲进积体界面深度可以从地震数据中读出。岩石物性包括孔隙度、岩性比例等，可以通过相关录井和测井资料得到。总之，该方法所需数据十分易得，资料限制条件较少。

②实际方法中对滨线的替代。由于滨线在实际地震资料中的难以识别，因

此，需要进行替代处理。通过古水深计算原理部分的相关图件可以发现，同一期三角洲平原相的垂向厚度基本一致。因此，通过三角洲平原相的垂向厚度变化，可以反映滨线区可容纳空间的变化。通过大量实际资料的对比，已证明了这种假设的正确性。

③滨线轨迹法的实际操作流程。通过上面的论述，可以得到求取古水深的操作流程(图 4 – 15)。

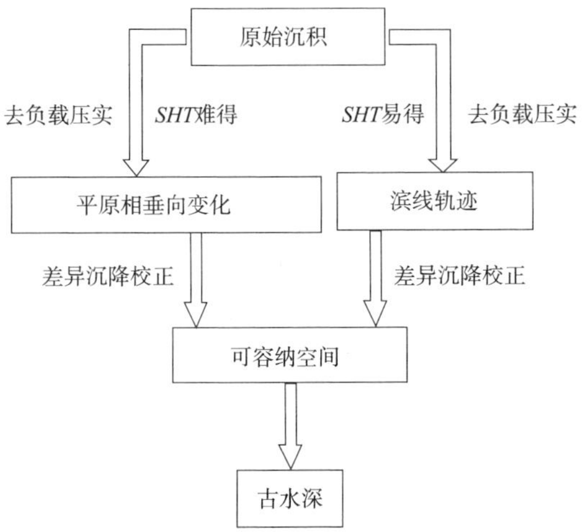

图 4 – 15　滨线轨迹法求取古水深流程图

a. 获得原始沉积数据。以一个三角洲体系为基本单元进行计算，原始数据应以该三角洲沉积完成时的界面为顶界面。该数据通过对原始地震剖面数据进行回剥得到。

b. 获得滨线轨迹。在构造活动稳定的情况下，对原始沉积数据进行去压实校正后，就可以很好地鉴别出滨线轨迹，此时就可以利用其来进行下一步的计算。如果局部构造活动差异很大，会导致滨线轨迹不明显，此时需要进行替代处理，利用平原相垂向变化来替代滨线轨迹。

c. 求取可容纳空间。通过差异沉降校正，再利用滨线轨迹或其替代处理，可以得到盆地内每一点的可容纳空间。

d. 求取古水深。利用上面提到的相关计算公式求取古水深。

④典型剖面古水深求取实例。

下面给出该方法在一维点和二维剖面上的应用。图 4 – 16(c)显示了三角洲关键界面的古水深，图 4 – 16(d)显示了两个单井的古水深。

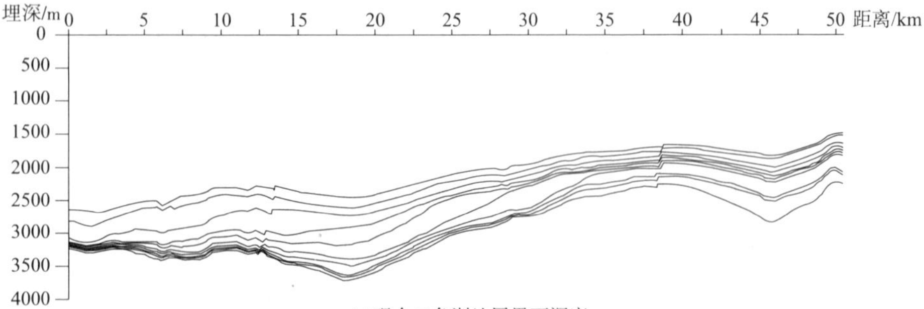

(a)现今三角洲地层界面深度

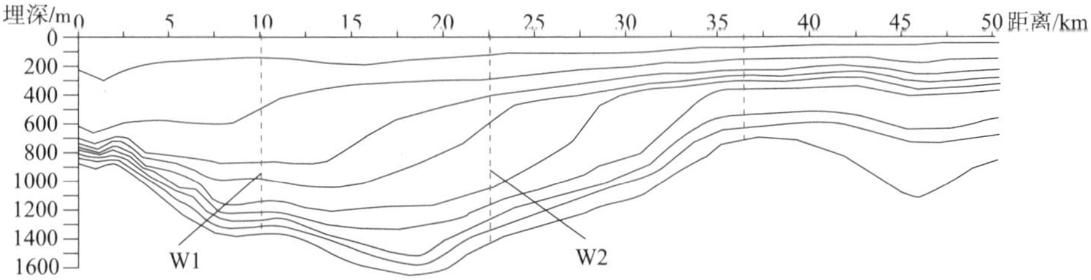

(b)回剥后地层界面深度

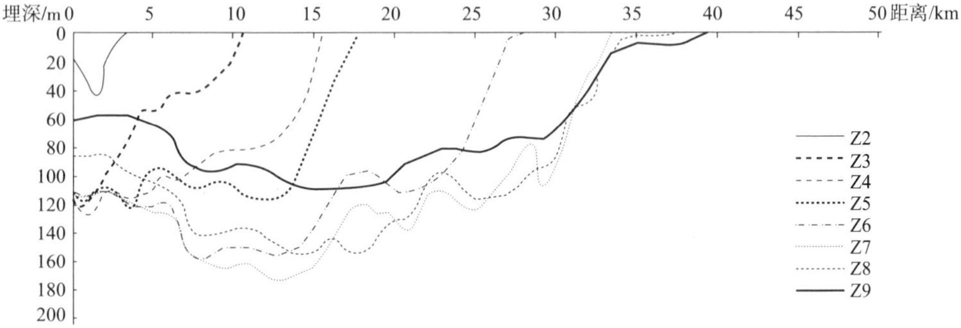

(c)剖面古水深图

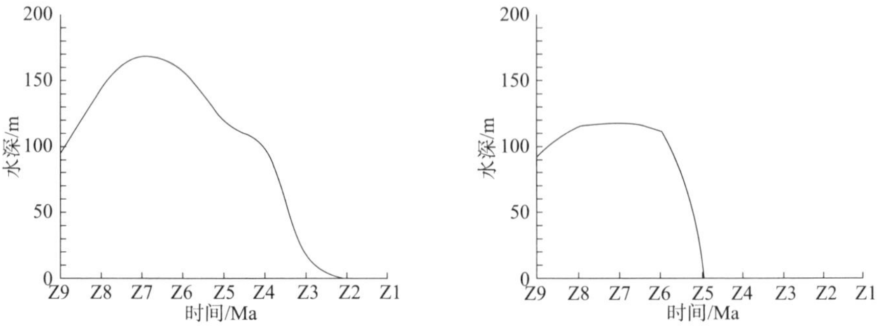

(d)具体单井古水深图

图4－16　典型剖面古水深图

(3)应用效果分析。

研究结果表明，不同沉积时期坡移扇发育的古水深范围存在差异，Z4 坡移扇主要发育在水深 40 ~ 90m 范围内(图 4 - 17)，Z5 坡移扇主要发育在水深 20 ~ 60m 范围内(图 4 - 18)。

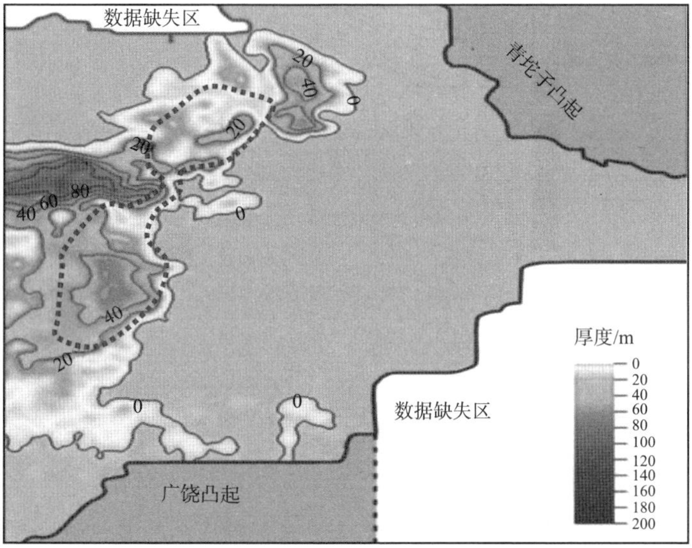

图 4 - 17　Z4 古水深与坡移扇体展布范围叠合图

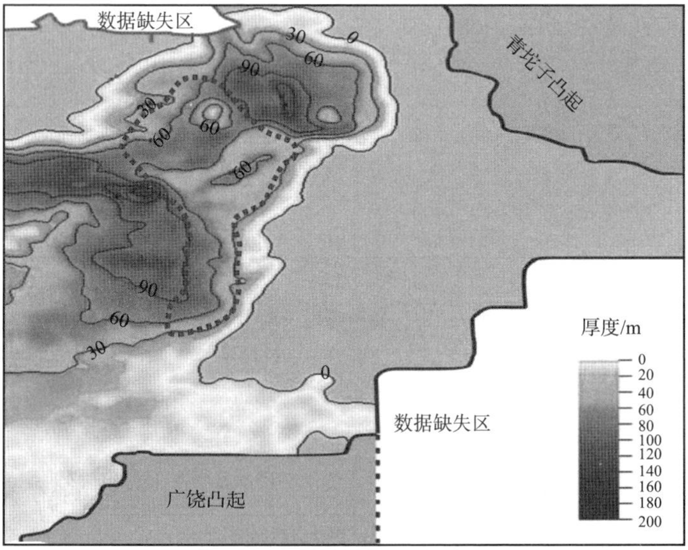

图 4 - 18　Z5 古水深与坡移扇体展布范围叠合图

2)基于 TOC 的古水深恢复技术

当前油田勘探生产中，对于湖相沉积而言，运用最为普遍的古水深恢复方法仍是地层厚度法，即用现今的地层厚度来近似反映地质历史时期的古水深，厚度大则水体深，但此法仅能定性反映湖盆底形。前人研究证实，很多现代湖泊中，湖底沉积物 TOC 指标与湖水深度存在很好的正相关性，即随着深度的增大，TOC 值也呈增大的趋势。这一规律说明 TOC 可以作为地质历史时期湖泊古水深恢复的一项重要指标。将 TOC 与水体深度之间的紧密相关性与当前湖相沉积古水深恢复常用的地层厚度法相互结合，形成了一种操作简便、适于生产部署的湖泊沉积古水深预测方法。

(1)古水深恢复实施具体步骤如下(图 4－19)。

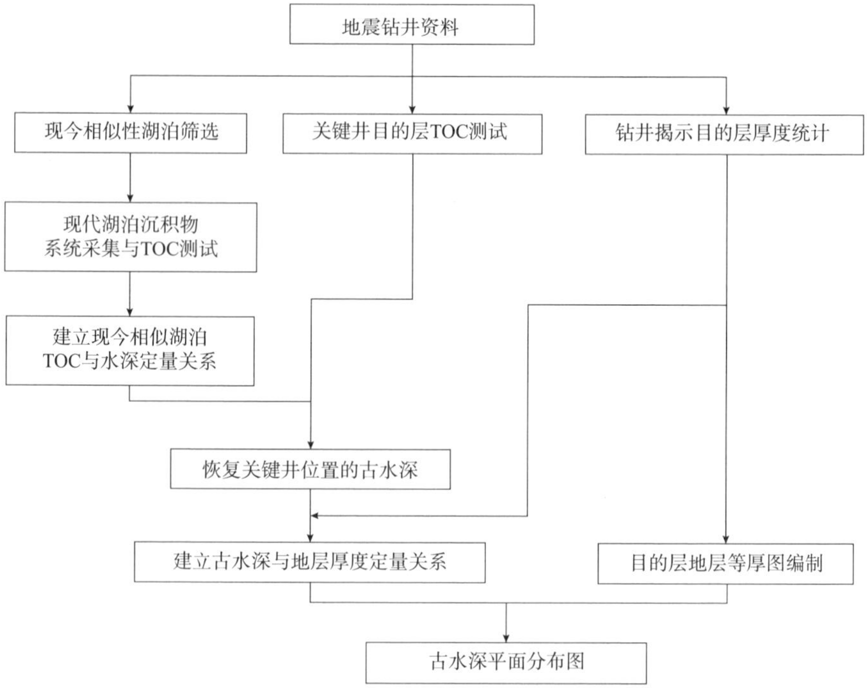

图 4－19　针对湖相沉积的古水深定量恢复方法操作流程图

①从实际掌握的地质资料和文献资料出发，搞清所研究湖盆的类型、规模及湖水盐度等基本特征，通过筛选，找出现今与之各方面特征相似的湖泊。

②针对筛选出的现代湖泊，按照水体深度由浅到深系统采集湖底沉积物，对沉积物进行 TOC 测试，基于测试数据建立 TOC 与水体深度的定量关系。

③选择一批关键井，这些井的分布能够在平面上控制整个湖盆，针对这些关键井的研究目的层进行泥岩 TOC 测试，并且统计目的层的地层厚度。

④根据现代湖泊测试分析得到的 TOC 与水深的定量关系，由关键井的 TOC 测试成果反算出该井点处的古水深数据，再将一批关键井古水深数据与其地层厚度数据拟合，建立二者的定量关系。

⑤在地震资料约束下，主要依据目的层单井地层厚度统计结果，完成目的层地层等厚图编制，再以地层厚度与古水深定量关系为桥梁，将地层厚度展布图转化为古水深的平面分布图，从而完成古水深的定量恢复。

东营凹陷的沙三段为一套咸水湖沉积。通过湖盆类型、规模及水体盐度等多方面对比分析，认为形成目的层沉积的古湖泊与现今的青海湖非常类似。文献资料调研发现，前人通过对青海湖进行大量研究认为其湖底沉积物 TOC 指标与水深具有很好的正相关性，并且已经得到了二者的定量关系。通过对典型井进行目的层 TOC 测试，得到了一批关键井的目的层 TOC 数据。运用前人对青海湖研究得到的定量关系对上述实测得到的 TOC 数据进行反算，得到关键井的古水深数据。将这些古水深数据与各井点处的目的层地层厚度进行拟合，建立古水深与地层厚度之间的定量关系(图 4 – 20)。在地震资料约束下，主要运用钻井揭示目的层地层厚度，完成目的层地层等厚图，运用上述古水深与地层厚度之间的定量关系将地层厚度图转化为古水深平面分布图，完成古水深的定量恢复。

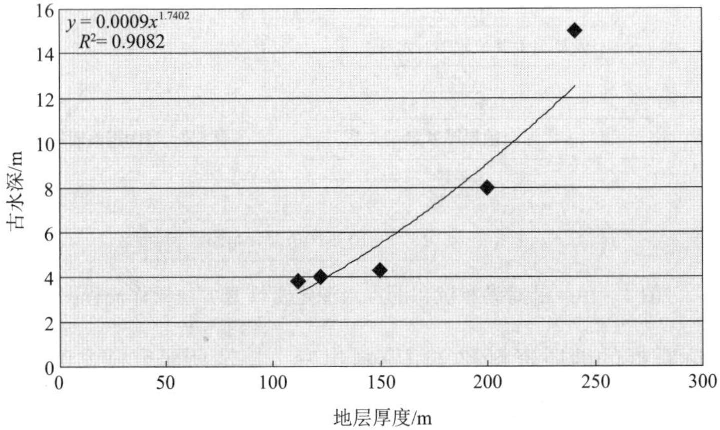

图 4 – 20　东营凹陷古水深与地层厚度定量关系图

(2)应用效果分析。

研究结果表明，不同沉积时期坡移扇发育的古水深范围存在差异，Z6 坡移扇主要发育的古水深为 40 ~ 120m，Z5 坡移扇主要发育的古水深为 60 ~ 90m，Z4 坡移扇主要发育的古水深为 20 ~ 60m(图 4 - 21 ~ 图 4 - 23)。

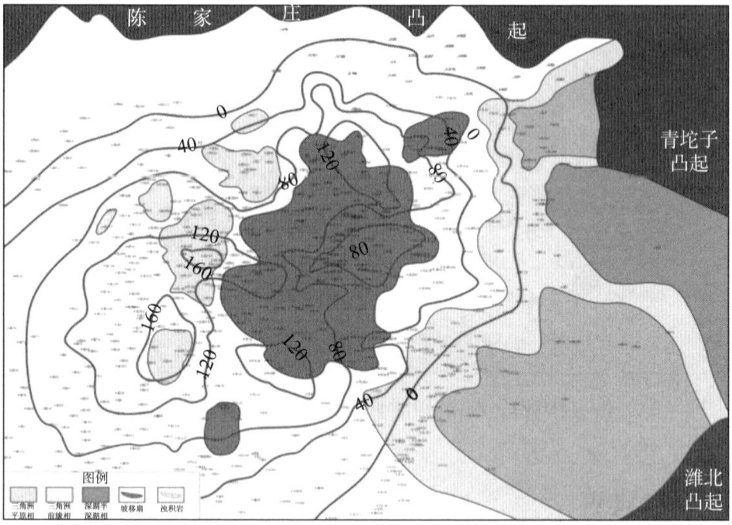

图 4 - 21　沙三中亚段 Z6 沉积时期古水深与坡移扇体展布范围叠合图

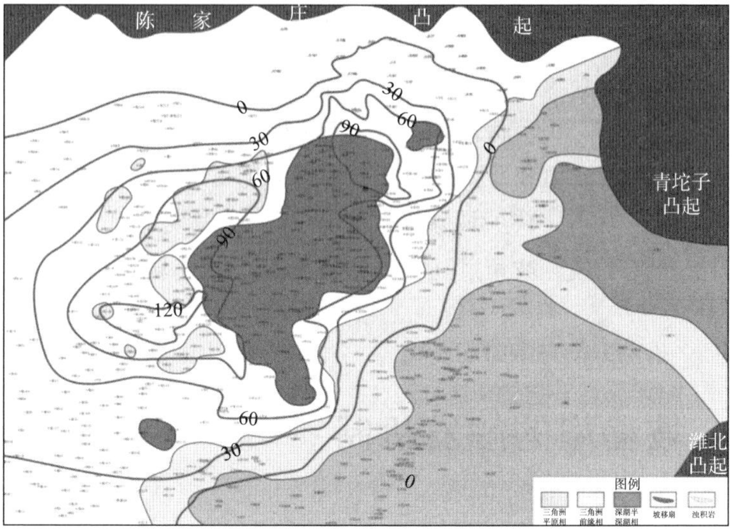

图 4 - 22　沙三中亚段 Z5 沉积时期古水深与坡移扇体展布范围叠合图

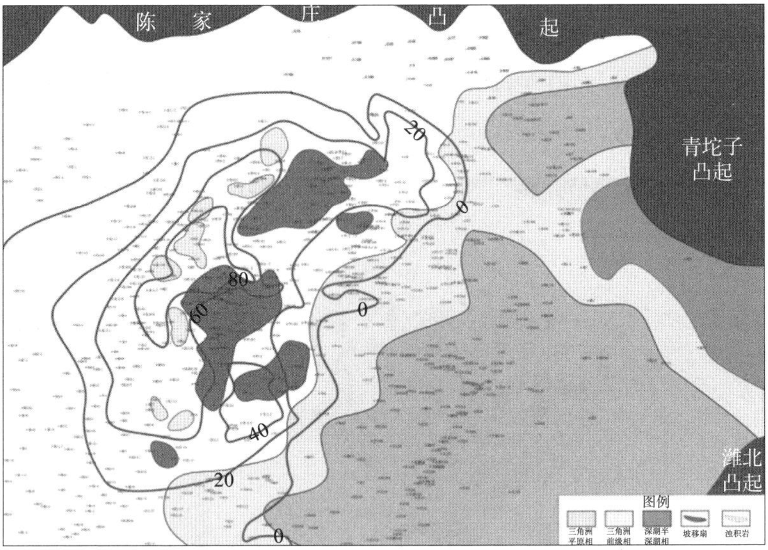

图 4 – 23　沙三中亚段 Z4 沉积时期古水深与坡移扇体展布范围叠合图

4.1.4　古地貌

从 Z6 ~ Z4 古地貌与坡移扇 – 浊积岩展布范围叠合图可以看出(图 4 – 24 ~ 图 4 – 26)，坡移砂体主要分布在微幅古地貌变化较明显的斜坡带，坡移扇核心发育区随着沉积中心及斜坡带位置的迁移而变迁，受微幅古地貌控制明显。古地貌对坡移扇展布的控制还表现为古坡角控制了流体性质的转化速率(图 4 – 27)。适宜的坡角和开阔的沉积背景是坡移扇发育的必要条件；坡角过缓，沿坡面的剪应力小，缺少坡移滑动的动力，仅表现为三角洲前缘被夷平，前缘内部斜交角变平缓。坡角过陡，易快速滑塌、急速转化，亦可形成深水浊积扇。

4.2　坡移扇的触发机制

坡移扇 – 浊积岩是三角洲前缘由于滑塌作用形成的重力流沉积，源于灾变性的地质事件。三角洲的前缘部位处在不稳定状态，只要存在触发机制即可导致

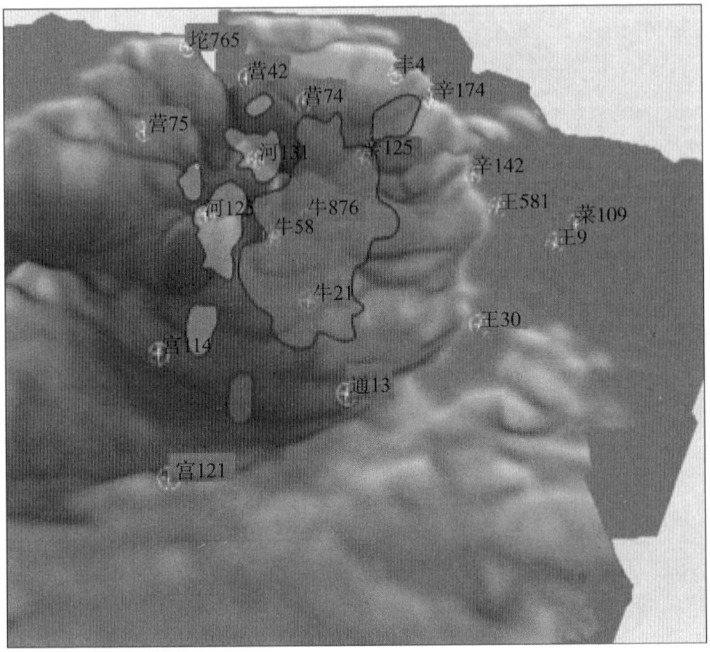

图 4－24　沙三中亚段 Z6 沉积时期古地貌与砂体展布关系图

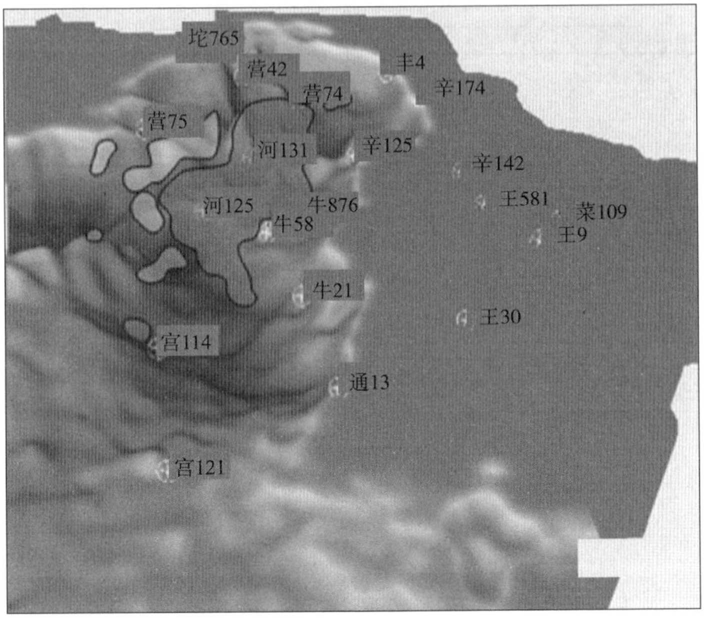

图 4－25　沙三中亚段 Z5 沉积时期古地貌与砂体展布关系图

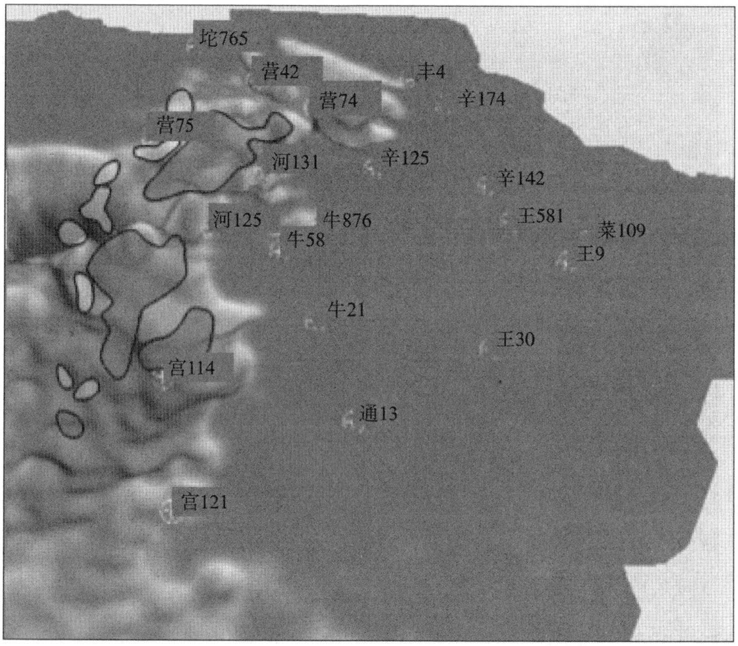

图 4-26　沙三中亚段 Z4 沉积时期古地貌与砂体展布关系图

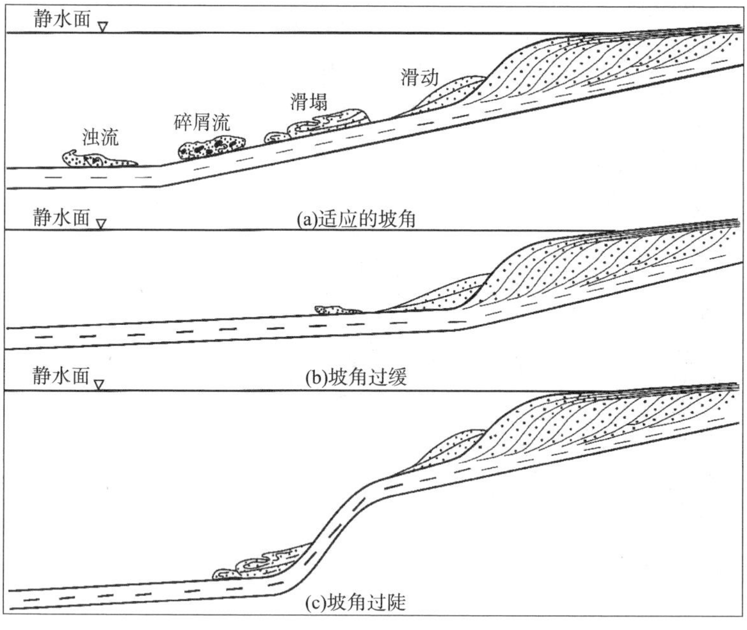

图 4-27　三角洲前方破折类型控制坡移扇发育及展布模式图

滑塌作用的发生而衍生坡移扇－浊积岩体系。滑塌作用的触发因素可概括为两种：外界因素包括地震、海啸、风暴、波浪等；自身因素主要为三角洲前缘的沉积压陷作用。

4.2.1 地震作用

地震作用是重力流沉积物形成的最直接、最频繁的外界机制之一，其既可以诱发崩塌和滑坡，也可以产生断层、形成沟谷。国外的典型实例表明，地震可以形成新鲜的断崖，甚至形成断崖阶状序列(图4－28)。水槽模拟实验亦表明基底的震动使得三角洲前缘局部形成近于垂直的断阶，断阶上部断开了三角洲沉积体顶积层，断阶之上的沉积物在重力的作用下顺着前缘斜坡向下滑动，在坡脚处的较深水区分别形成对应的舌形滑塌砂体(图4－29)。

(a)1988年亚美尼亚地震造成的新鲜断崖

(b)1983年博拉峰地震的断层破裂形成的断崖阶状序列

图4－28 地震作用产生断层的实例

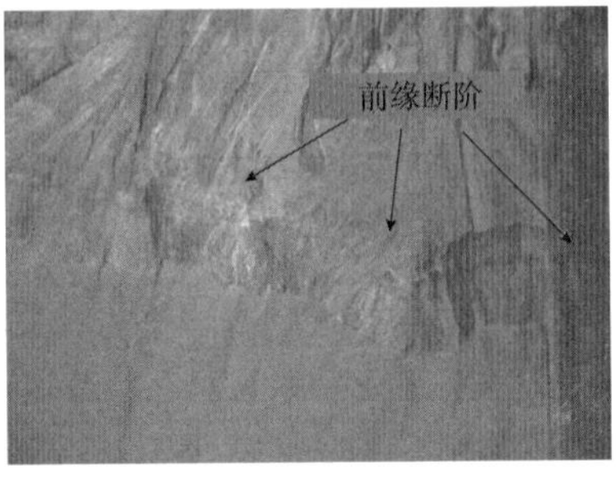

图4－29 地震作用下的水槽模拟实验(据李趁义，2005)

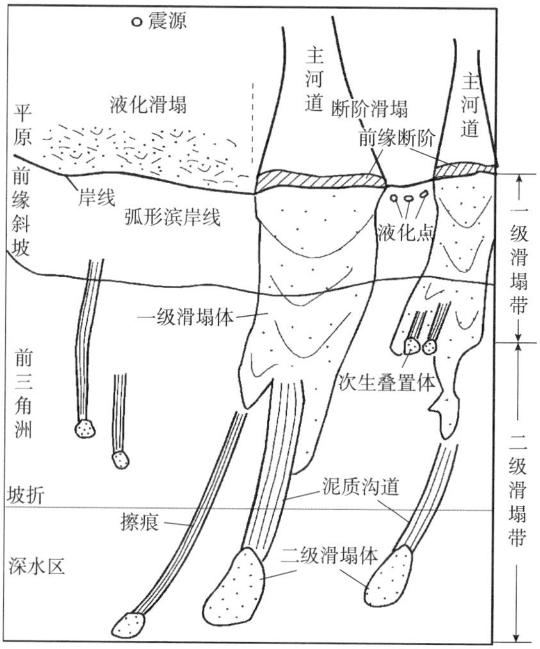

图 4－30　地震作用下产生的断阶滑塌模式图(据李趁义，2005)

坡移扇形成时伴生的滑脱断层并不能形成持续性断层，主要证据有以下 3 点：①滑脱断层仅在三角洲前缘局部形成，孤立分布在某一时期前缘的扇形弧面上。②与三角洲平原主河道存在对应关系，随着主河道的改变而横向迁移。③沙三中亚段三角洲快速进积时期，可随滨线轨迹的推进而向湖盆方向迁移(图 4－30)。因此，同沉积断层与前方坡移扇无直接对应关系。

由东营凹陷 T4、Z4 顶面、T6'、T6 断裂体系分布图可知，断裂体系主要包括中央断裂带、广利背斜带、王家岗鼻状构造带以及八面河鼻状构造带(图 4－31)。东营凹陷王家岗鼻状构造的主要断层活动研究表明，沙三中亚段沉积时期断层落差为 20～160m，多数高于 100m，断层活动速率为 6～40m/Ma，断层生长指数为 1.3～1.7。断裂体系继承性发育，到沙一段沉积末期，活动能力才逐渐变弱，局部分支断层停止活动，因此，可推断沙三中亚段沉积时期地震活动频繁(图 4－32)。同沉积断层是地震频繁活动的直接证据，由于地震活动波及范围大，可在区域范围内触发沉积物重力流。同沉积断层是坡移扇大规模触发的主要机制。

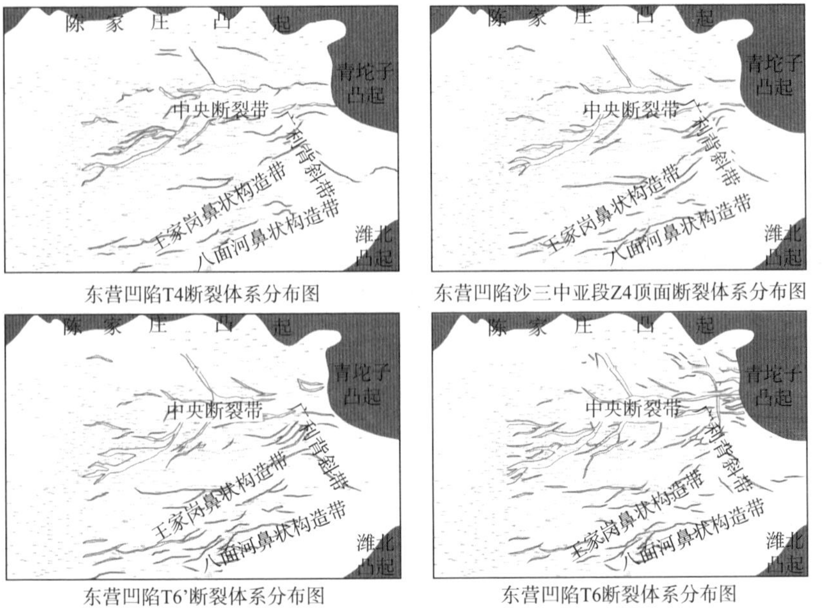

图 4－31　东营凹陷 T4、Z4 顶面、T6'、T6 断裂体系分布图

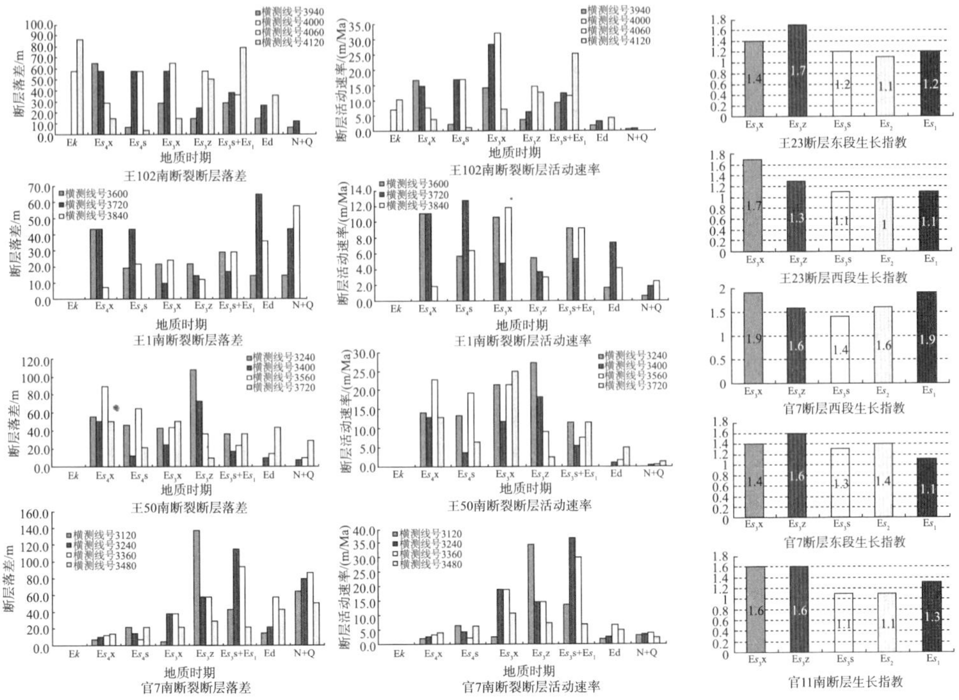

图 4－32　东营凹陷王家岗鼻状构造主要断层活动性直方图

4.2.2 湖水、洪水作用

波浪不仅能够产生较强的风涌流，而且对湖底表层的浮泥具有扰动侵蚀作用，特别是大风浪时可产生“兜底流”，湖底大量浮泥会被再次掀起，使湖泊透明度发生剧烈变化，并且波浪对湖岸也有较强的侵蚀作用，对浪基面附近的三角洲前缘部分有强烈的剥蚀和改造作用。由于波浪只发生在水体的表面，因此，最大浪基面以下的三角洲沉积并未受到影响，但最大浪基面以上的部分则被波浪的回流作用带到前缘斜坡的坡脚处沉积，并在重力的作用下向湖心方向运移（图 4-33）。

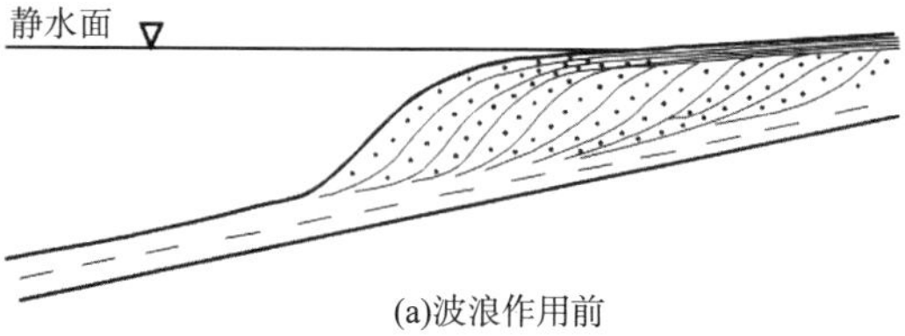

(a)波浪作用前

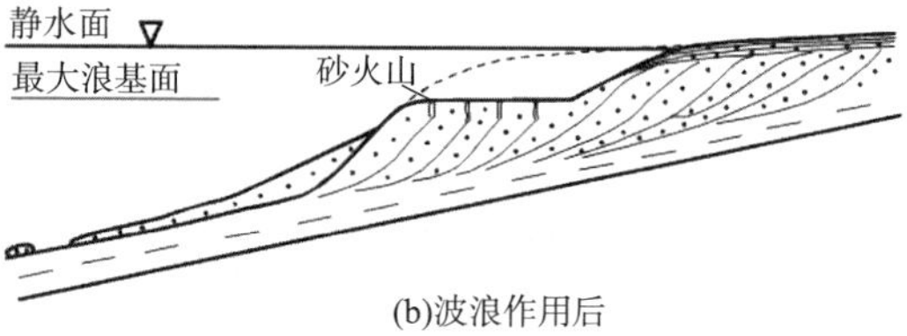

(b)波浪作用后

图 4-33　波浪及洪水作用触发坡移扇模式图

4.2.3 沉积压陷作用

无外界触发机制的作用下，三角洲前缘滑塌产生的根本原因是前缘的压实沉陷作用。主沟道发育期，前缘砂岩在自身重力作用下使下部泥岩压实沉陷，从而导致三角洲前缘局部坡移扇发生滑塌，并进一步产生远距离搬运的浊积砂体（李趁义，2005）。在密西西比河三角洲，三角洲前缘的块体运动（滑动、滑塌和泥流）与快速沉积作用和沉积负载作用有关（Coleman 和 Prior，1982）。在三角洲不同发育时期，由于平原沟道发育规模和搬运能力的不同，前缘厚度及沉积物的组成不同，压实沉陷产生的效果和特征也不一样。三角洲发育初期，前缘砂体厚度薄、规模小，压实沉陷表现为：前积砂岩陷入泥岩中，使得下部泥岩向前缘方向滑动变形，可形成小型火焰构造等变形构造；主河道频繁迁移期，前积体有泥岩夹层，沉陷后可整体保留下来，只是斜交角度相应变得平缓，主河道再次发育时，沉积另一组前积体，剖面上出现两组垂向叠置但倾斜角度不同的前积体；主河道持续发育期，如果主河道发育时间长，前积体厚度大，下部泥岩变形强烈，不但能产生火焰构造，还能产生断层、揉皱等各种现象；三角洲发育晚期，晚期前积体的压实沉陷对早期压实沉陷形成的塌陷、变形砂体有破坏和改造作用，可吞并早期形成的小规模滑塌体，也可将其向湖心推挤，形成浊积砂体(图4－34)。

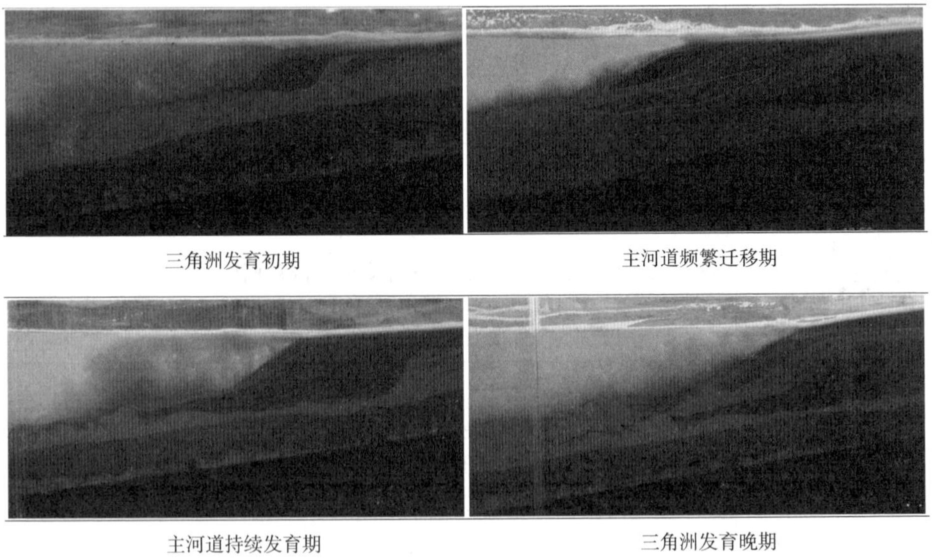

图4－34　波浪及洪水作用触发坡移扇模式图

4.2.4　坡移扇触发的临界条件

如上所述，在无外界触发机制作用下三角洲前缘砂体靠自身的重力也可以发生滑塌。三角洲前缘在堆积的过程中存在一个休止角，工程地质学上休止角即松散的无黏性土堆积时能够保持稳定的最大坡角(从水平面起量)，角度的大小取决于土壤的摩擦特性，随着土壤颗粒粒度的增大和棱角度的增高，天然休止角也有略微增大的趋势。对坡折带类型的解剖分析认为，坡折带主要包括沉积坡折带和同沉积断层坡折带，且以沉积坡折带为主。沉积坡折带的结构一般包含上凸滑移面和下凹滑移面两部分。通过对不同坡折带类型的解剖，发现最大坡角往往出现在上凸滑移面到下凹滑移面的转换面上，研究认为控制坡移扇触发的角度为坡折带的最大坡角。

利用反演与正演结合的方法恢复了5条坡移砂体发育典型剖面的平均古坡角和最大古坡角(图4-35，表4-2)。以郝2井-莱75井近东西向剖面为例，沙三中亚段沉积时期的古坡角先增大后减小，平均古坡角为1.306°~2.127°，最大古坡角的增幅不大，坡角差为0.062°~0.599°。

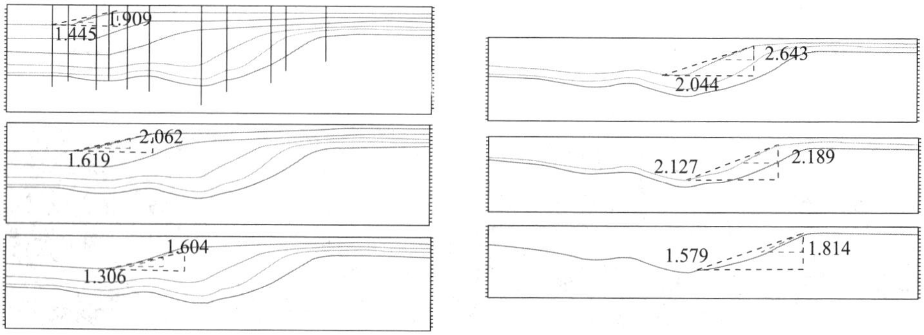

图4-35　郝2井-莱75井连井古坡角恢复剖面

表4-2　古坡角恢复数据表

地层	董2-莱64		郝2-莱75		牛2-王125		牛8-莱3		史130-王33	
	平均古坡角/(°)	最大古坡角/(°)	平均古坡角/(°)	最大古坡角/(°)	平均古坡角/(°)	最大古坡角/(°)	平均古坡角/(°)	最大古坡角/(°)	平均古坡角/(°)	最大古坡角/(°)
Z1	0.494	0.573	1.445	1.909	0.342	0.573	0.879	0.952	0.819	0.894
Z2	0.906	1.146	1.619	2.062	0.592	1.146	0.912	1.088	1.544	1.909
Z3	0.960	1.794	1.306	1.604	1.321	3.434	1.122	1.604	1.467	1.718
Z4	1.717	2.100	2.044	2.643	2.096	3.560	1.911	2.738	0.819	1.861
Z5	2.247	2.291	2.127	2.720	2.189	2.291	1.716	1.782	1.850	1.909
Z6	0.955	1.091	1.576	1.814	1.908	2.076	1.287	1.337	1.127	1.662

研究过程中，统计了5条典型剖面不同砂层组坡移扇体发育个数与最大古坡角的关系，结果表明坡移扇形成的临界古坡角为1.091°(图4-36)，从不同砂层组坡移扇体个数与最大古坡角直方图(图4-37)中反映出相同的结论，当最大古坡角小于1°时，较难发育坡移扇，但是当最大坡角大于1.091°时，仍有部分砂组不发育坡移扇。因此，统计了5条典型剖面不同砂层组坡移扇体发育个数与三角洲前缘砂地比之间的关系，结果表明坡移扇形成的临界砂地比为0.35(图4-38)，从不同砂层组坡移扇体个数与三角洲前缘砂地比直方图(图4-39)中反映出相同的结

论，当砂地比小于0.35时，较难发育坡移扇。发育坡移扇的砂组均满足两个临界条件，即最大古坡角大于1.091°，以及三角洲前缘砂地比大于0.35(图4-40、图4-41)。

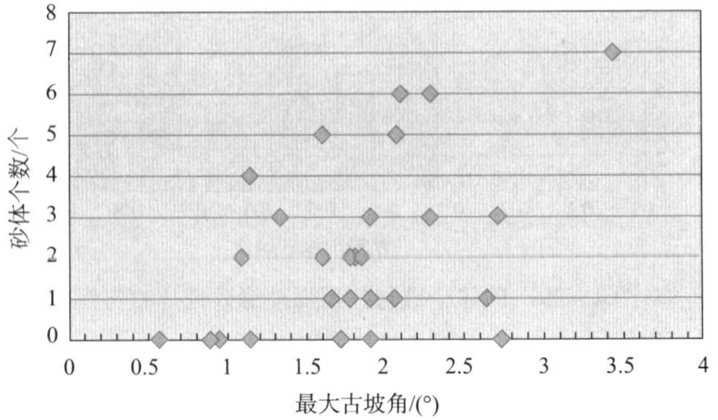

图4-36　砂体个数与最大古坡角关系图

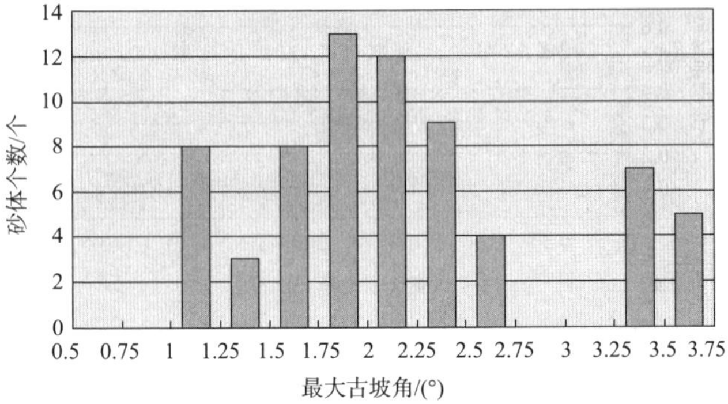

图4-37　砂体个数与最大古坡角直方图

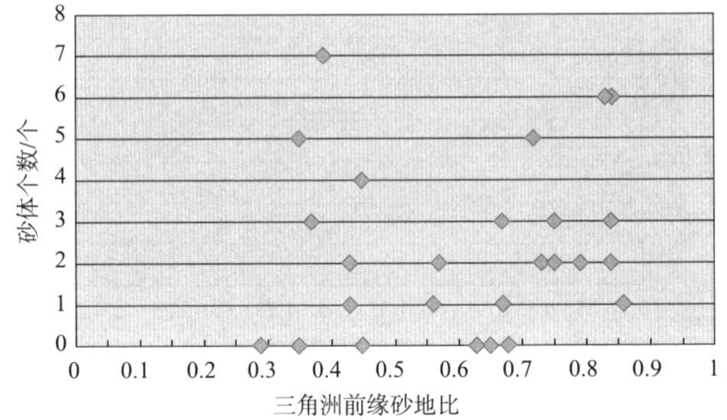

图4-38　砂体个数与三角洲前缘砂地比关系图

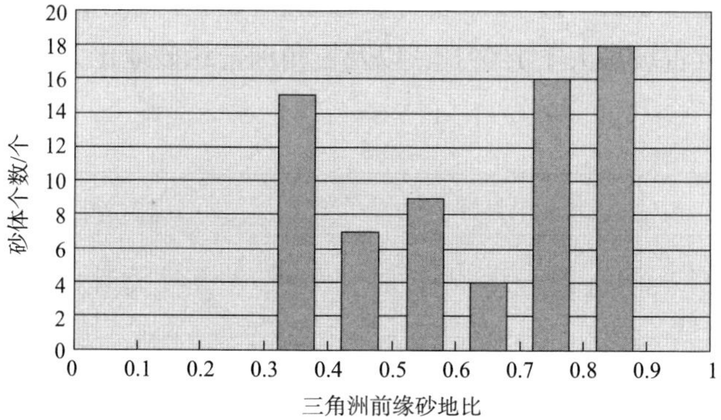

图 4－39　砂体个数与三角洲前缘砂地比直方图

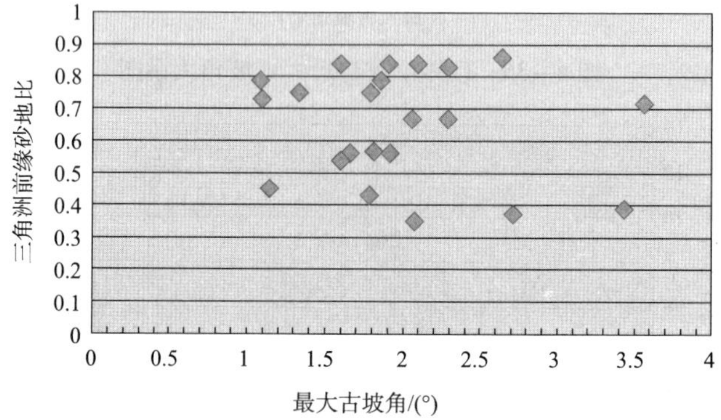

图 4－40　发育坡移扇砂组古坡角与砂地比关系图

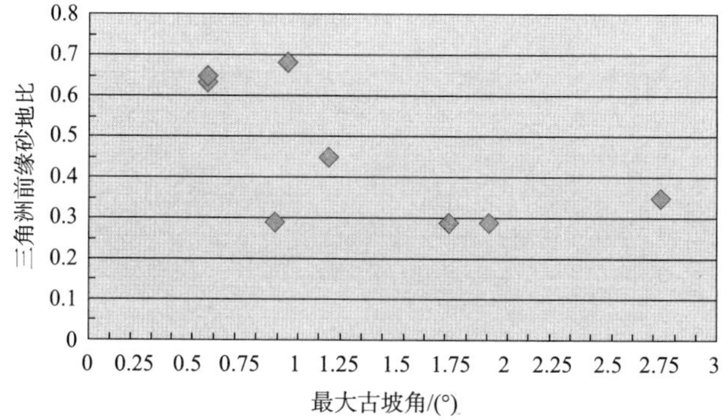

图 4－41　不发育砂组古坡角与砂地比关系图

4.3 坡移扇展布控制因素

牛庄东部地区沙三中亚段 Z4 沉积时期坡移砂体在垂向上一般为 2～3 套，单套砂体叠合连片，砂体叠合处岩性和物性变化较大，整体表现为纵向分层、密集发育的特征。精细层序划分研究表明低级序层序界面附近发育坡移扇，坡移扇往往发育在短期基准面下降半旋回到上升半旋回的转化面附近(图 4－42)。基准面下降半旋回：三角洲快速进积，为坡移扇的发育提供物源；在旋回转换面上：同沉积断层、洪水等触发机制下，坡移扇大量发育；基准面上升半旋回：水体逐渐加深，有利于坡移砂体保存。

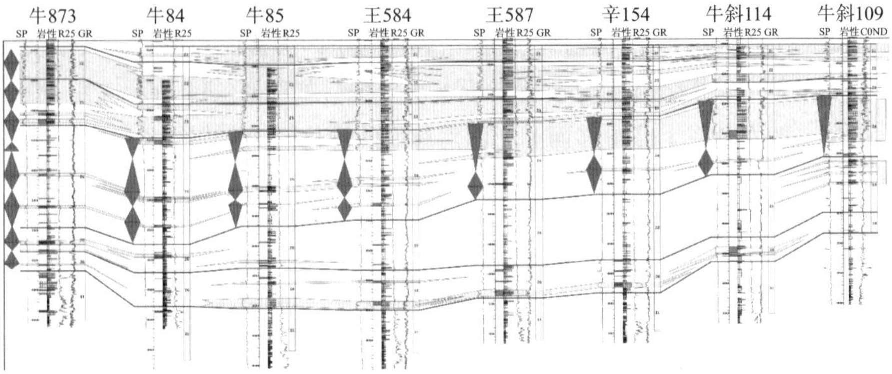

图 4－42 牛庄东部牛 873 井－牛斜 109 井砂体分布与短期基准面旋回关系图

4.3.1 坡移扇体的推进距离

坡移扇体的推进距离受坡折带宽度、坡折带结构及微幅古地貌的影响。

1)坡折带宽度

前文研究表明，沙三中亚段沉积时期古坡角经历了由小变大再变小的过程，古地貌也经历了由 Z6、Z5 沉积时期的长缓坡逐渐演变为 Z4 沉积时期的短陡坡。坡折带的宽度由早期的 15km 左右，逐渐减小到 Z4 沉积时期的 8km，最后减至 5km 左右。研究过程中统计了坡移扇推进的最大距离，发现坡折带宽度与坡移扇最大推进距离之间存在很好的相关性(图 4－43)。由此可见，坡折带的宽度控制了坡移扇体的最大推进距离。

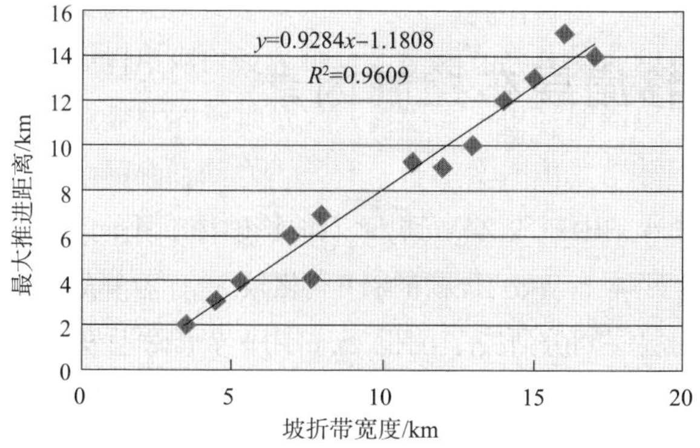

图 4－43　坡折带宽度与坡移砂体最大推进距离关系图

2）坡折带结构

（1）沉积坡折带结构。

理想的沉积坡折带结构包括了上凸滑移面、下凹滑移面和坡脚，其中坡折带的平均坡角是由坡折带宽度与坡折高程差决定的，如图 4－44 所示，用 α 表示；最大坡角一般发育在上凸滑移面和下凹滑移面的转化面上，如图 4－44 所示，用 β 表示。

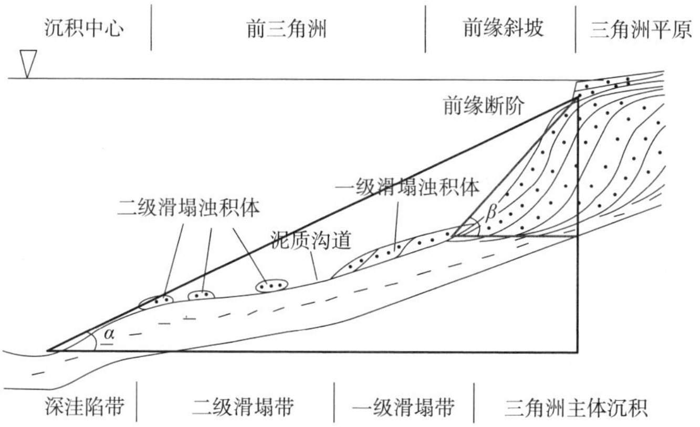

图 4－44　理想坡折带结构模式图

当平均坡角与最大坡角相等（$\alpha=\beta$）时，坡折带结构平直；当最大坡角与平均坡角间的坡角差越大时，下凹滑移面与三角洲前缘的高程差越大，且坡折带靠近坡脚的部分越平缓，此时越利于坡移扇的发育及重新沉积（图 4－45）。研究过程中，用坡角差来反映坡折带的结构。统计结果表明：坡角差与坡移砂体核心推进距离存在负相关关系，坡角差越大，坡移扇体的核心推进距离越小(图 4 –46)。

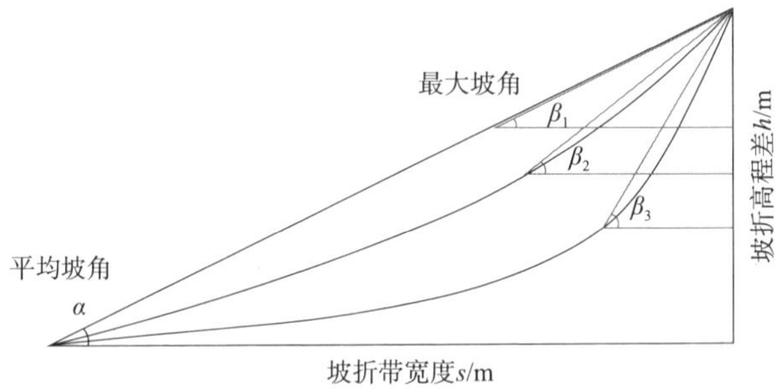

图 4 –45　不同坡折带结构模式图

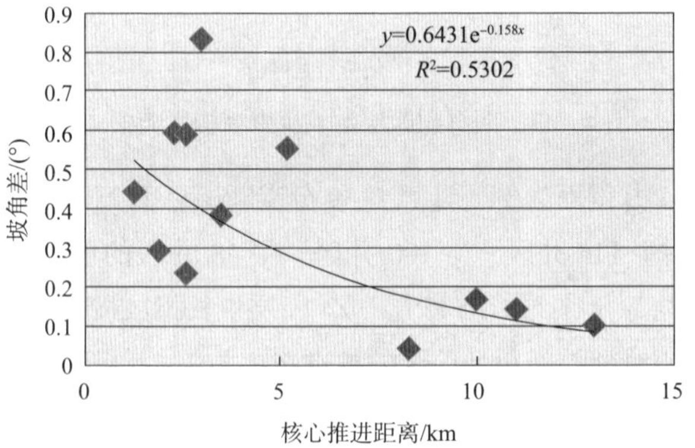

图 4 –46　坡角差与坡移砂体核心推进距离的关系图

(2)同沉积断层坡折带结构。

①同沉积断层对坡折带的影响，实际上是改变了坡折带的结构。横切三角洲前缘的同沉积断层使三角洲前缘变得更加不稳定，降低了坡移扇触发的临界条件，同时也改变了坡折带的结构。同沉积断层的发育明显增加了下凹滑移面与三角洲前缘的高程差，同时使坡角差明显增大(图 4 –47)。因此，同沉积断层的发育有利于坡移扇体的形成。如牛 48 井区、牛 100 井区，牛 48 断层的发育使 Z3 沉积时期的最大坡角明显增大，坡角差增大，在断层下降盘的牛 100 井区发育砂质滑塌，推进距离相对较小。而牛 48 井区坡移扇发育的 Z4 沉积早期，不发育同沉积断层，坡角差相对较小，坡移砂体滑移距离远，形成砂质碎屑流。

②重力流沉积区的断层，降低了下降盘的坡角，使其成为坡移扇的有利沉积区。同沉积断层下降盘的坡角变得更加平缓，甚至在部分剖面上出现逆牵引的平台或微幅背斜构造，因此，同沉积断层下降盘是坡移扇发育的有利区。以牛庄南部地

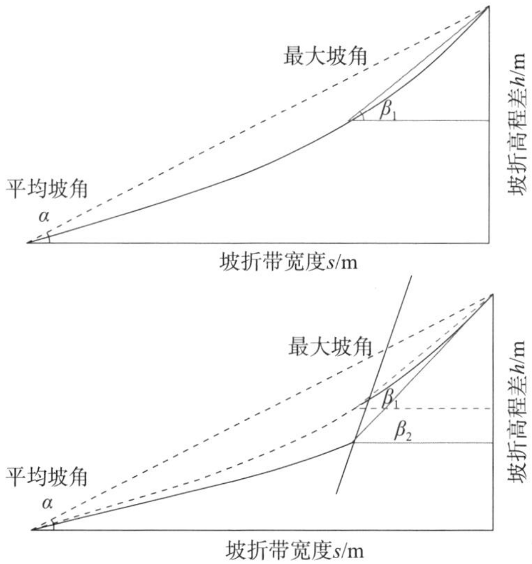

图 4－47　同沉积断层对坡折带结构影响模式图

区史 131 井－王 33 井剖面为例，计算王 39 分支断层、王 23 断层和王 116 断层的生长指数，分析表明牛 116 井区、牛 100 井区、牛 48 井区的坡移扇受控于活动强烈的王 23 断层。从层系上来看，Z5 断层、Z4 断层生长指数最高，最有利于坡移扇砂体的发育；Z4 沉积时期，三角洲前缘的推进距离与王 23 断层合理匹配，其前方坡移扇最为发育，牛 116 井区与牛 100 井区坡移扇叠合连片(图 4－48)。

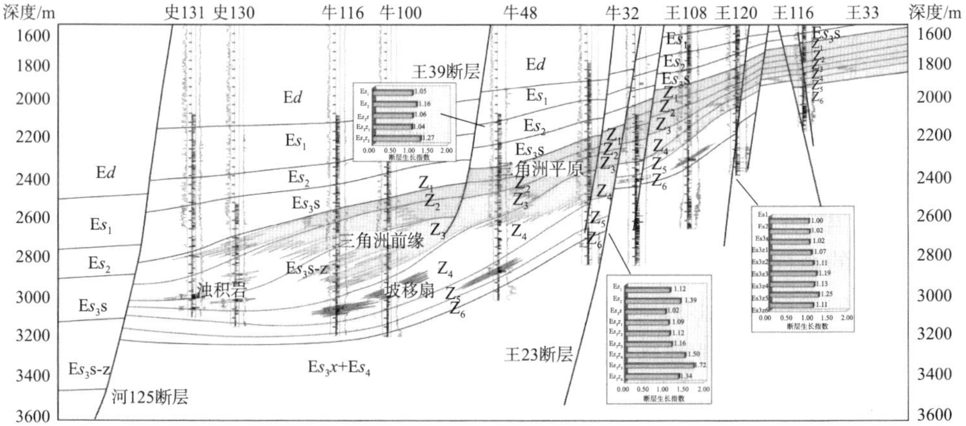

图 4－48　牛庄南部地区坡移扇展布与断层活动性关系剖面图

从牛庄东部地区坡移扇展布与断层活动性关系平面图(图 4－49、图 4－50)可以看出，沙三中亚段 Z6 沉积时期，三角洲前缘推进范围与王家岗鼻状构造带断裂体系匹配良好，三角洲前缘砂体被整体切割，发生滑动，在前三角洲低洼处堆积，形成坡移扇。其规模巨大，叠合连片，厚度中心区以砂质滑动、砂质滑塌为主，王 584、王 587 和辛 154 等井区为砂质碎屑流沉积。

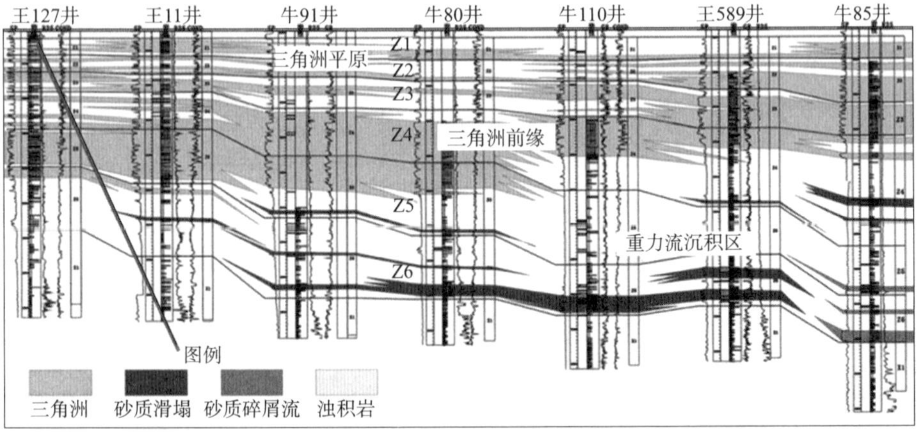

图 4－49　牛庄东部地区坡移扇展布与同沉积断层关系剖面图

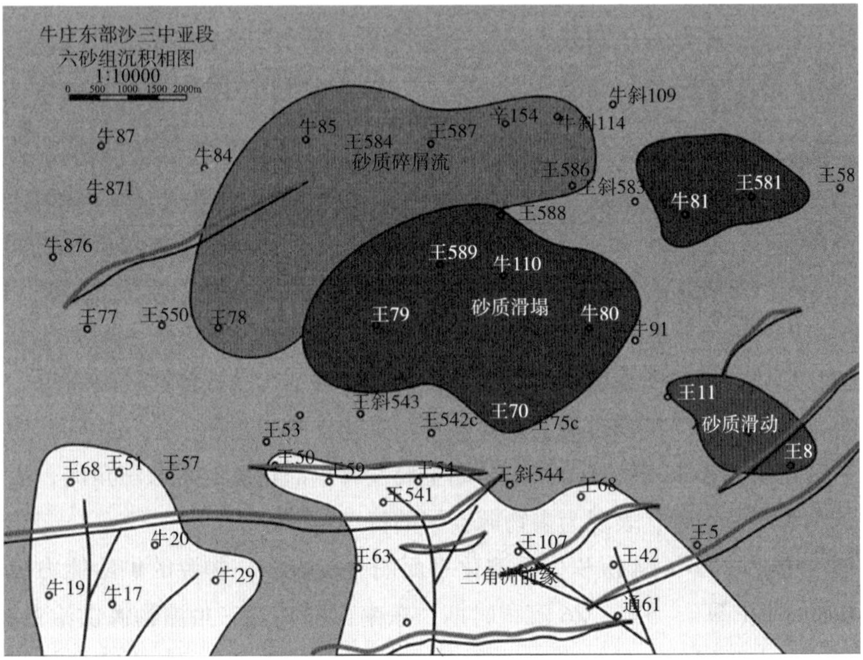

图 4－50　牛庄东部地区坡移扇展布与同沉积断层关系平面图

3)微幅古地貌

研究认为，有利于坡移扇体沉积的微幅古地貌主要包括5类，其中与差异沉降作用有关的包括三种，分别为长缓坡中的沟槽、多级坡中的阶地以及短陡坡中的“洼地”。而与同沉积断层有关的包括两类，分别是断层下降盘的断洼和坡脚处的断阶带(图4－51)。

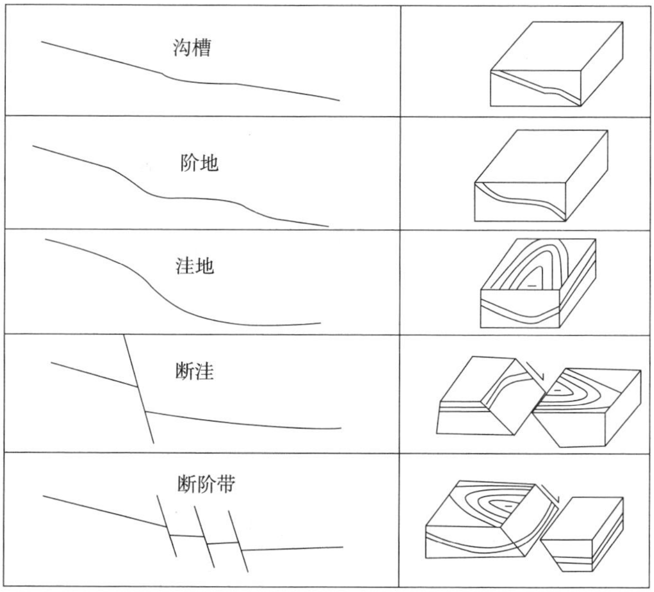

图4－51　有利于坡移扇沉积的五种微幅古地貌

4.3.2　坡移扇体的规模

坡移扇体的规模受物源供给能力、三角洲体系结构及砂体推进距离的影响。

东营东部沙三段沉积时期，主要发育三支物源的三角洲，依次为陈官庄三角洲、东营三角洲和永安镇三角洲，早期主要发育东部物源的东营三角洲，后期另外两支物源逐渐增强，表现为多物源会聚的特点(图4－52)。

沙三中亚段Z6～Z4沉积体系演化平面图分析表明，物源的供给能力决定了坡移扇的规模(图4－53)。Z6沉积时期，东南部的东营三角洲物源供给量充足，在三角洲前方开阔的斜坡带发育坡移扇；Z5沉积时期，南部物源逐渐增强，坡移扇核心发育区向南部迁移；至Z4沉积时期，坡移扇发育区演化为南北两个核心区。

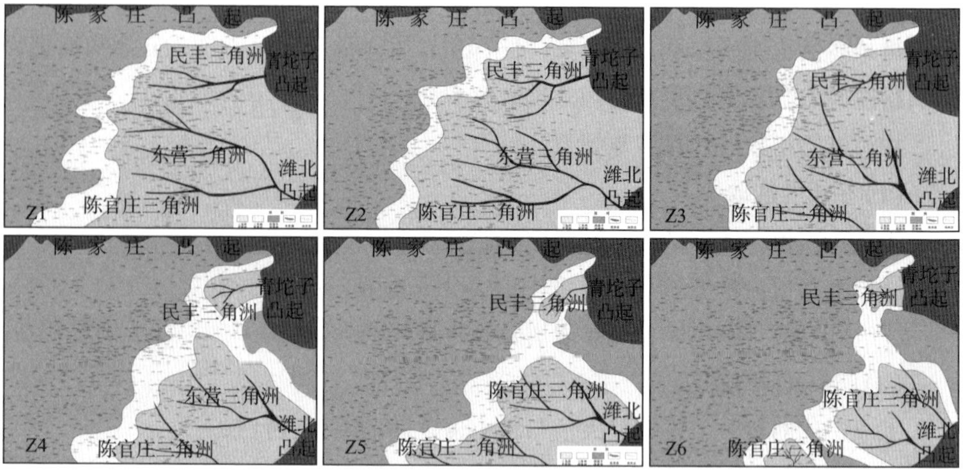

图 4-52　东营凹陷沙三中亚段沉积时期物源迁移展布图

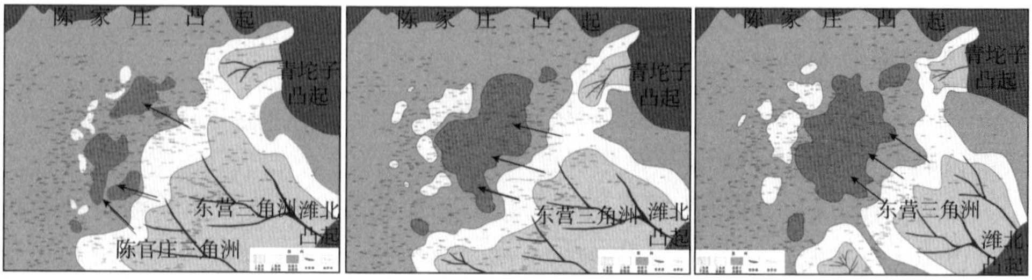

图 4-53　沙三中亚段 Z6 ~ Z4 沉积时期物源迁移与坡移扇体展布关系图

为了定量表征物源的供给能力，研究过程中计算了物源供给指数。从地质研究可知，反映物源供给能力的主要参数有砂地比、粒度、层理、岩性、分选系数、重矿物的分布、矿物分布等，因而可以采用砂地比、粒度参数、层理规模、岩性、分选系数、重矿物分布、石英与长石和岩屑等矿物的含量等方法进行加权平均求取物源供给指数，以此来表征湖盆的物源供给情况。

与物源供给速率成正比的参数主要有：①砂地比。砂地比越高物源的供给能力越强。②粒度中值分布。粒度越粗供给速率越快，粒度越细供给速率越慢。③粒度方差。方差越大分选越差，供给速率越高。④层理类型。一般情况下层理规模越大供给速率越高，交错层理供给速率高，而水平层理供给速率较低。⑤岩性。岩性越粗供给速率越高，越细供给速率越低。

与物源供给速率成反比的参数：①分选系数。分选系数越小分选越差，供给速率越高。②稳定重矿物的含量。稳定重矿物含量越低供给速率越高，稳定重矿物含量越高供给速率越低。③石英、长石和岩屑含量及其比值。石英含量高则物源供给速率差，岩屑含量高则物源供给速率高。

物源供给指数的计算步骤如下：

(1)参数的选取。

①反映三角洲体系结构：砂地比、岩性。

②粒度参数：粒度 C 值、粒度中值、分选系数、粒度方差。

③组分参数：石英、长石、岩屑及稳定矿物的含量。

(2)归一化原则。

①成正比的参数，根据最大值与最小值之间的差值进行归一化：

(样本值 - 最小值)/(最大值 - 最小值)。

②成反比的参数：(最大值 - 样本值)/最大值。

③对岩性进行赋值：0 ~ 1。

(3)计算物源供给指数：

$$B = W \cdot R \tag{4-7}$$

式中，W 为单因素评价矩阵；R 为权重集。

利用上述方法，可以计算典型坡移扇发育区对应物源朵叶体的物源供给指数，以郝 2 井 - 莱 75 井近东西向剖面为例。郝 2 井 - 莱 75 井近东西向沉积相与物源供给指数叠合剖面图分析表明(图 4 - 54)，Z2 沉积早期、Z3 沉积早期、Z4 沉积时期以及 Z5 沉积末期的坡移扇相对发育，物源供给指数等值线可见，这四个沉积时期，物源供给指数为 0.6 ~ 0.8。研究过程中，统计了 5 条典型剖面各

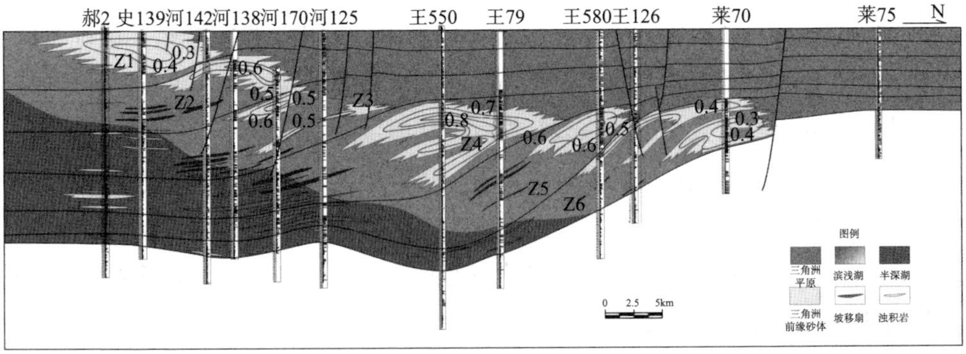

图 4 - 54　郝 2 井 - 莱 75 井近东西向物源供给指数与坡移砂体发育关系剖面图

砂层组的坡移砂体个数与对应物源供给指数平均值之间的关系，从砂体个数与物源供给指数关系散点图可以看出(图4－55)，当物源指数低于0.5时，坡移扇不易大面积成带分布。

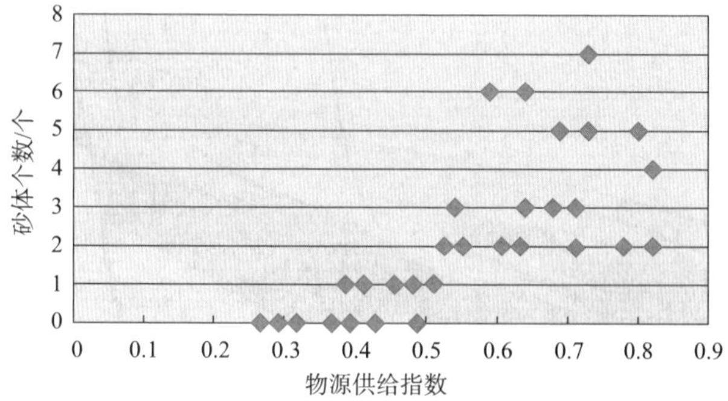

图4－55　砂体个数与物源供给指数关系散点图

坡移砂体的规模除了受物源供给能力影响外，还受三角洲体系结构及砂体推进距离的影响。反映三角洲体系结构的参数包括三角洲前缘砂体百分含量和前缘厚度，研究表明，三角洲前缘厚度越大，砂岩百分含量越高，其前方坡移砂体的厚度越大。而推进的距离越大，坡移砂体的厚度越小。

4.4　坡移扇砂体的定量预测

4.4.1　坡移扇有利区预测

坡移扇砂体发育的有利区一般具有以下三个条件：①三角洲推进距离短，与前缘距离近；②具相对较陡的合适坡度；③具有活动的横切三角洲前缘的盆倾同生断层(图4－56)。本次研究过程中选取古地貌、沉积坡角和同生断层活动性三个参数开展坡移扇有利区预测。

坡移扇展布主控因素研究表明，同沉积断层与三角洲推进距离合理匹配可形成大规模的坡移扇砂体，且活动性越强，越有利于形成坡移扇。因此，在三角洲推进的主方向上，活动性强的同沉积断层下降盘是坡移扇的优势发育区。以牛庄南坡为例，陈官庄三角洲在 Z_5、Z_4 沉积时期推进到官7断层附近，该区发育3条同沉积断层，分别为官11断层、官7断层和王23断层，断层生长指数为1.1～

1.6，有利于坡移扇的发育，其前方发育大量坡移扇砂体(图 4－57)。

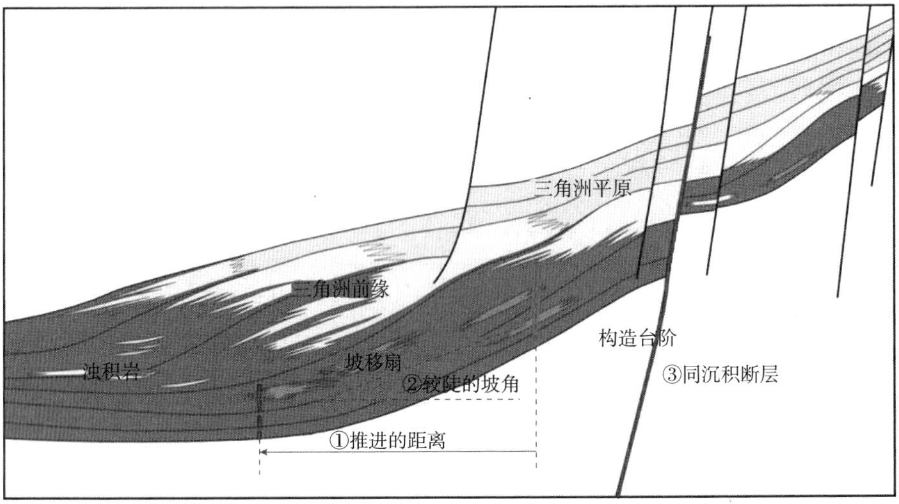

图 4－56　坡移扇砂体展布有利区主控因素模式图

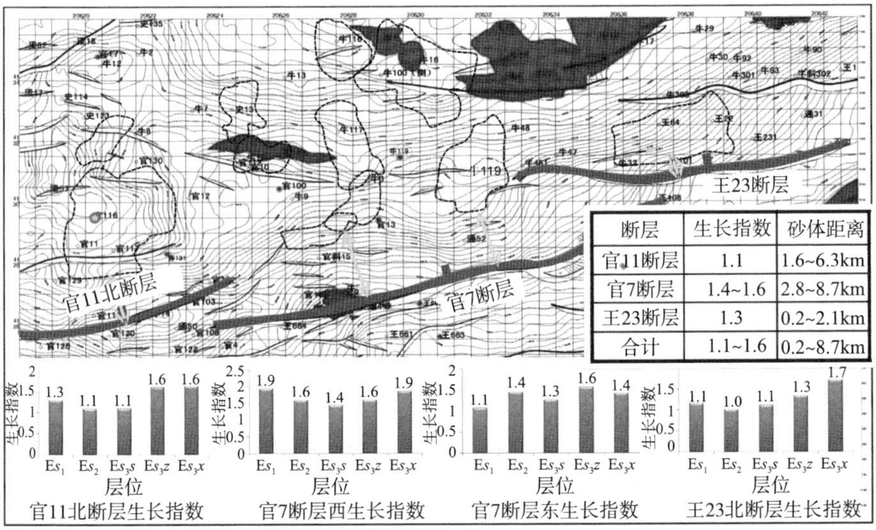

图 4－57　牛庄南坡同沉积断层与坡移砂体预测平面图

综上所述，利用古沉积位置(古地貌、古物源、古水深)、坡度角(坡角恢复)以及同生断层(活动性分析及控制规模)等多因素叠合可以预测坡移扇有利发育区(图 4－58)。

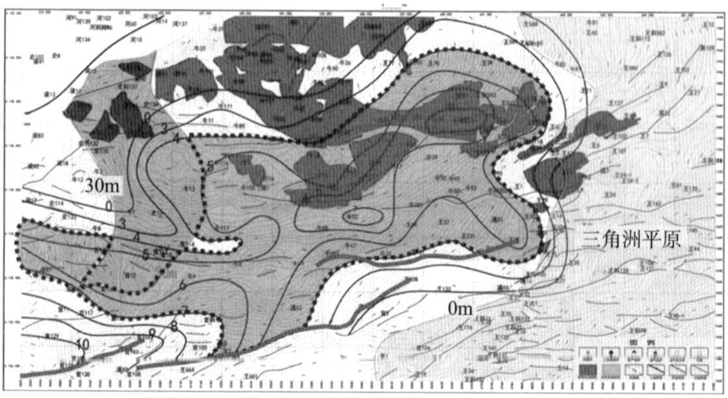

图 4－58　牛庄南坡 Z4 沉积时期多因素叠合预测坡移扇有利发育区

4.4.2　地质定量预测模型

前文研究表明，坡移砂体的规模受物源供给能力、三角洲体系结构及砂体推进距离的影响。因此，优选物源供给指数、前缘砂体百分含量、前缘厚度和砂体推进距离等参数，分别建立砂体厚度与各宏观地质要素间的单因素关系(图 4－59～图 4－62)。结果亦表明，砂体厚度与物源供给能力正相关，物源供给能力越强，砂体的厚度越大；与前缘厚度、前缘砂体百分含量正相关，三角洲前缘厚度越大，砂岩百分含量越高，砂体的厚度越大；与砂体的推进距离负相关，推进距离远小，砂体的厚度越大。

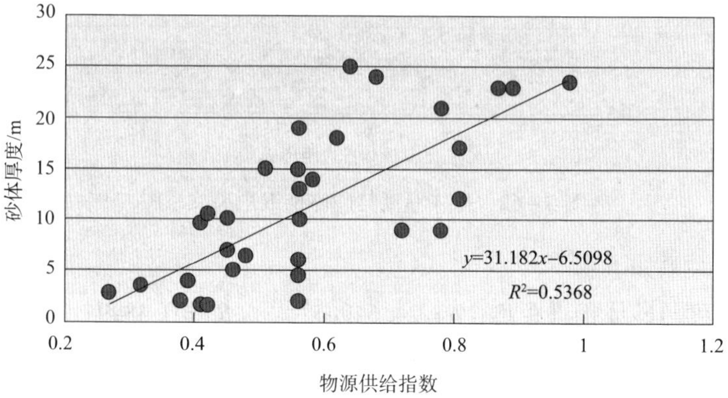

图 4－59　砂体厚度与物源供给指数关系图

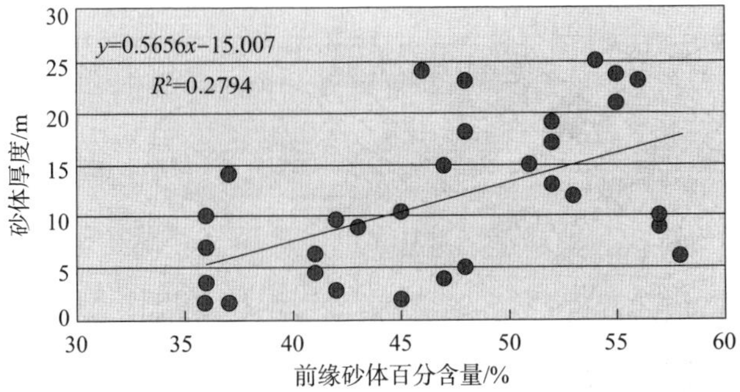

图 4－60　砂体厚度与前缘砂体百分含量关系图

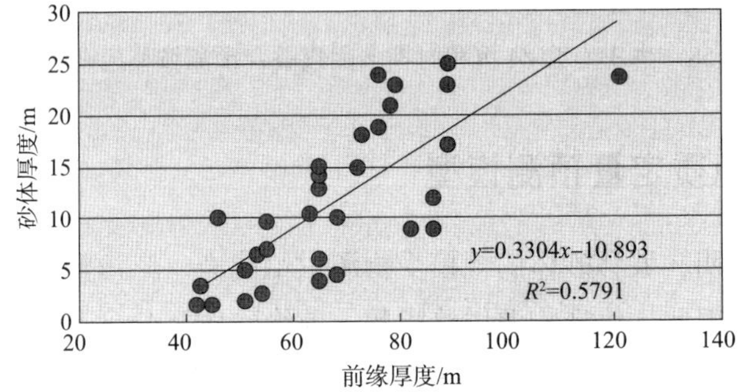

图 4－61　砂体厚度与前缘厚度关系图

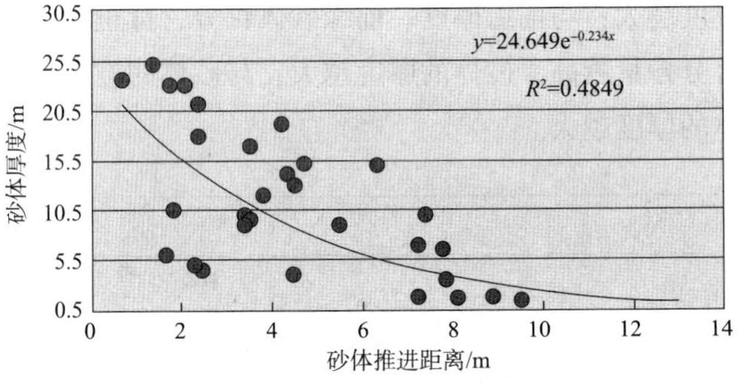

图 4－62　砂体厚度与砂体推进距离关系图

单因素关系如下：

砂体厚度与砂体推进距离：$h=24.649e^{-0.234x}$，$R^2=0.4849$；

砂体厚度与物源供给指数：$h=31.182x-6.5098$，$R^2=0.5368$；

砂体厚度与前缘厚度：$h=0.3304x-10.893$，$R^2=0.5791$；

砂体厚度与砂岩百分含量：$h=0.5656x-15.007$，$R^2=0.2794$。

在单因素分析的基础上，利用 PASW 软件进行多元线性回归建立了坡移砂体厚度预测公式：

$$h = 14.382d - 0.385s + 0.184H - 0.062f - 4.697,\ R^2 = 0.778 \qquad (4-8)$$

式中，h 为砂体厚度，m；d 为物源供给指数；s 为砂体的推进距离，m；H 为三角洲前缘厚度，m；f 为前缘砂百含量，%。

利用该预测模型对未参与建模的 11 个砂体进行预测（表 4－3），预测结果表明相对误差为 0.013～0.21，基本满足了现阶段勘探生产的需求。由此可见，根据推进距离（s）、物源供给能力（d）及三角洲结构（H、f）可计算砂体厚度（图 4－63）。

表 4－3　坡移砂体实测厚度与计算厚度数据表

砂体名称	推进距离/m	物源供给指数	前缘厚度/m	砂岩百分含量/%	实测厚度 h/m	计算厚度 h/m	相对误差
牛 7 砂体	7.8	0.48	53	41	6.5	6.41336	0.013329
牛 3 砂体	7.2	0.45	55	36	7	6.8909	0.015586
王 231 砂体	1.8	0.42	63	45	10.5	9.45244	0.099768
牛 116 砂体	3.4	0.56	68	57	10	11.02592	0.102592
史 131 砂体	3.5	0.81	89	52	17	18.75692	0.103348
史 13 砂体	1.8	0.89	89	56	23	20.31398	0.116783
史 130 砂体	4.3	0.58	65	37	14	11.65506	0.167496
王 108 砂体	0.7	0.98	121	55	23.6	27.981 86	0.185672
牛 100 侧砂体	2.1	0.87	79	48	23	18.56684	0.192746
官 129 砂体	4.5	0.56	65	52	13	10.36042	0.203045
牛 48 砂体	2.4	0.78	78	55	21	16.53896	0.21243

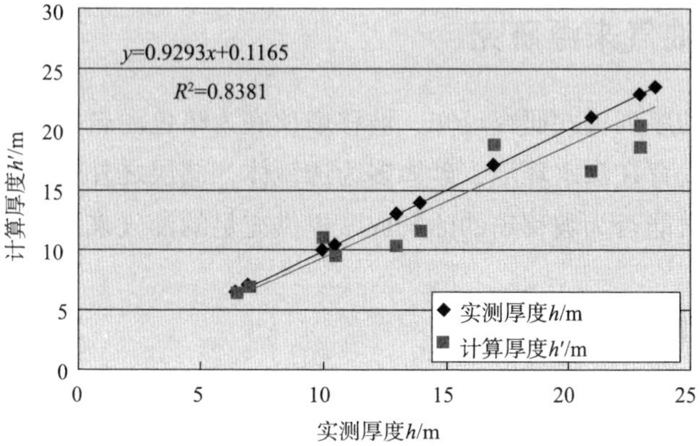

图 4－63　实测砂体厚度与计算厚度关系散点图

5　坡移扇油藏的动态成藏过程

东营凹陷丰 14 井、牛 119 井、牛 100(侧)井等为典型坡移扇砂体成藏，与通常意义上的浊积岩在发育位置、形成机制、储层结构、圈闭类型、含油性存在巨大差异。但是从生、储、盖、圈、运、保六个方面对比而言，最大的差异在于储层和运移动力。本章通过油源对比、隐蔽输导体系及成藏模式的研究，明确了坡移扇的成藏特征，在此基础上，恢复了坡移扇油藏的油气成藏期以及关键成藏期的物性及压力，对坡移扇的动态成藏过程进行研究，从而明确了坡移扇含油性的主要控制因素。

5.1　坡移扇的成藏特征研究

通过研究认为坡移扇与浊积岩油藏类似，具有多源供烃、隐蔽输导、“相—势”耦合、幕式置换的控藏模式。

5.1.1　油气来源研究

从坡移扇的序列模式研究可知，坡移扇顶底为暗色泥岩段，反映了坡移扇与浊积岩类似，发育在深水环境，砂体多为透镜体，储层之外被泥岩包裹。那么沙三中亚段的泥岩能否为坡移扇的油气成藏提供充足的油气来源成为首先需要研究的问题。

1)沙三中亚段烃源岩评价

(1)暗色泥岩厚度。

从区域油气成藏背景来看，主力烃源岩层系包括沙四上亚段和沙三中、下亚段。沙三中亚段坡移扇发育区暗色泥岩极为发育，从沙三中亚段暗色泥岩厚度与沙三中各亚段沉积时期坡移扇砂体展布叠合图可以看出(图 5－1)，整体上牛庄洼陷周源沙三中亚段的暗色泥岩平均厚度为350m，厚度中心可达500m。其中Z_6沉积期间，坡移扇发育区暗色泥岩为200～400m；Z_5沉积时间，坡移扇发育区暗色泥岩明显增厚，为300～500m；Z_4沉积时间，坡移扇发育区向牛庄南部迁移，主体厚度为300～400m，但是牛庄南部地区暗色泥岩厚度相对比较薄，降至200m；在Z_3到Z_1的演化过程中，牛庄东部地区的暗色泥岩厚度变化不大，但是牛庄西南部斜坡的暗色泥岩厚度逐渐变薄，到Z_1沉积时间，官11井区暗色泥岩厚度已不足100m。总体而言，坡移扇发育区，暗色泥岩厚度厚。

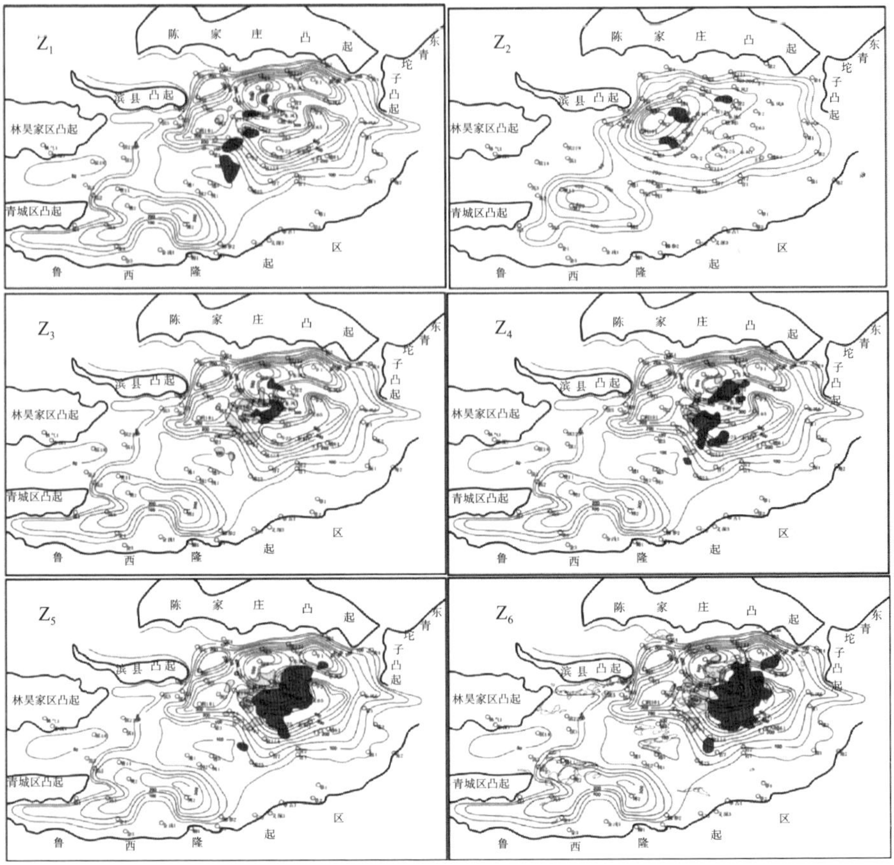

图5－1　沙三中亚段暗色泥岩厚度与沙三中亚段各期坡移扇砂体展布叠合图

(2)烃源岩生烃潜能评价。

有机质丰度是衡量和评价烃源岩生烃潜力的重要因素。从牛38井有机碳含量随埋深变化散点图来看[图5－2(a)]，牛庄洼陷从沙三中亚段到沙三下亚段烃源岩有机质丰度有增加趋势，沙三下亚段烃源岩的有机质丰度大大高于沙三中亚段。埋深小于3200m的范围内，牛38井沙三中亚段烃源岩TOC一般小于2%，向沙三下亚段的过渡段增加速度较快，在接近3280m时增加至4%左右。而该井沙三下亚段烃源岩最高值可大于5%。

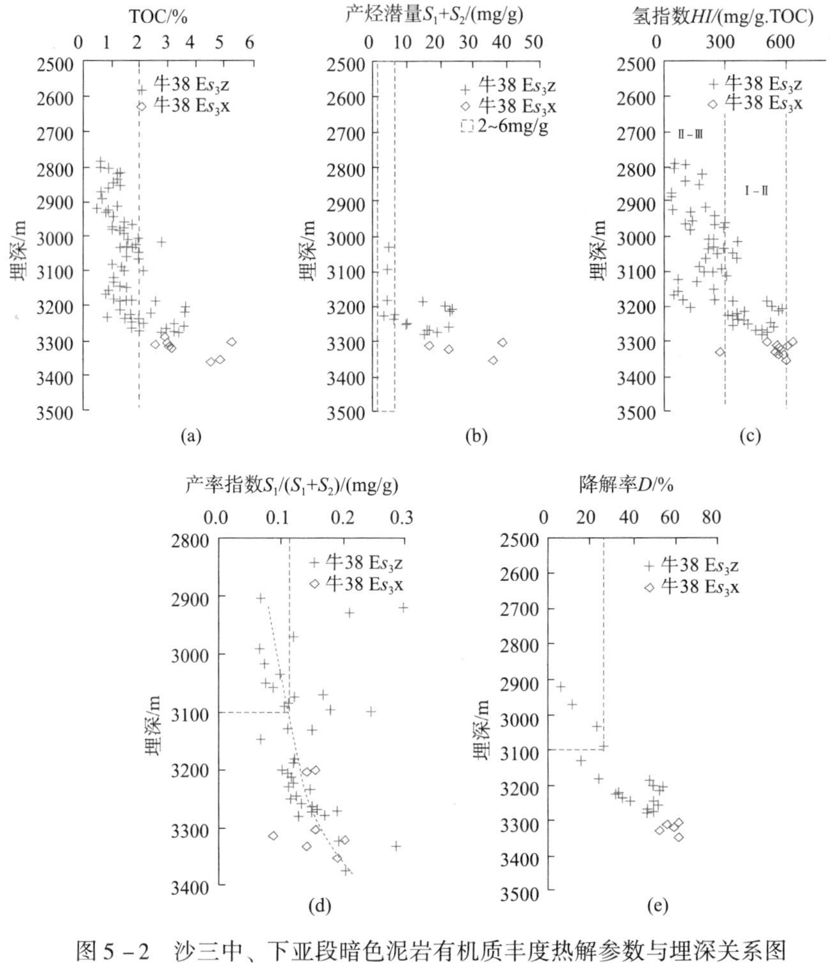

图5-2 沙三中、下亚段暗色泥岩有机质丰度热解参数与埋深关系图

与沙三下亚段相比，牛庄洼陷沙三中亚段烃源岩有机质丰度偏低，按照我国陆相生油岩有机质丰度评价标准(黄第藩等，1990)，TOC为0.6%~1.0%、大于1%，S_1+S_2值为2%~6%、大于6%时即分别为较好、好烃源岩，牛庄洼陷沙三中亚段烃源岩相当部分达到了较好烃源岩的标准，与沙三下亚段相邻的近50m的沙三中亚段烃源岩有机质丰度几乎达到了好烃源岩的标准，其埋深已过3000m

(已进入生油门窗)。但从烃源岩有效性角度，沙三中亚段烃源岩的成烃贡献总体相对较低。追其根源，认为主要与沙三中亚段达到较好级别的烃源岩规模相对不大有关。

依据 T_{max} 与热解参数氢指数及降解率组成的相关图［图 5 -2(b)、(c)、(d)、(e)］，可判断牛庄洼陷沙三中亚段烃源岩有机质类型为Ⅰ ~ Ⅲ型，而分析的沙三下亚段烃源岩主要为Ⅰ型，表明沙三中亚段烃源岩有机质类型较广，而沙三下亚段烃源岩类型较好且具有单一性。牛庄洼陷沙三中、下亚段烃源岩烃转化率随埋深增加而增加，埋深超过 3100m 以后增长速度迅速，表明 3100m 为沙三中亚段烃源岩大量生烃的起始段。

从烃源岩的质量与生烃潜力角度，沙三中亚段烃源岩的油气潜能远远低于沙三下亚段与沙四上亚段。

(3)有效烃源岩的展布范围。

从东营凹陷烃源岩的厚度与分布来看，沙三中亚段为有利烃源岩，但结合烃源岩的热演化程度与烃源岩质量条件分析发现，沙三中亚段有效烃源岩的实际厚度将大大降低，从镜质体反射率随埋深变化图中可以看出(图 5 -3)，埋深达到 3100m，R_o 才达到 0. 7 以上，进入大量生烃的起始阶段；同样，以位于牛庄洼陷近中心部位的牛 38 井为例，单井埋藏史图表明(图 5 -4)，沙三中亚段烃源岩处于低熟阶段，进入生烃门限的有利烃源岩厚度不足 100m。

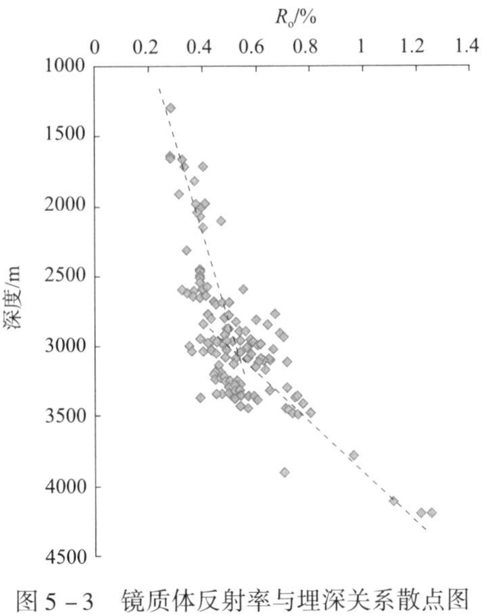

图 5 -3　镜质体反射率与埋深关系散点图

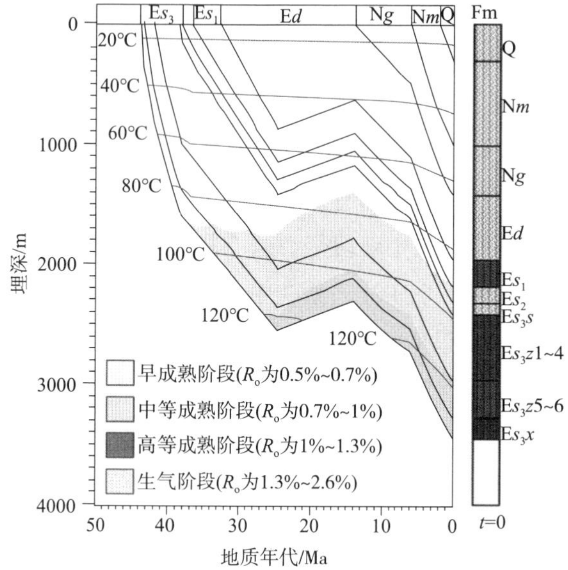

图 5－4　牛 38 单井埋藏史图

综上所述，把 3100m 作为有效烃源岩的埋深上限，通过对牛庄洼陷东部斜坡王 23 井－王 55 井近南北向有效源岩展布剖面(图 5－5)与牛庄洼陷南部斜坡王 120 井－史 131 井近东西向有效源岩展布剖面(图 5－6)的分析认为，沙三中亚段烃源岩大部分不是有效的烃源岩，仅 Z_6 或 Z_5 沉积时间的部分埋深大于 3100m 的暗色泥岩可作为有效源岩。

2)油源对比

在沙三中亚段烃源岩评价的基础上，通过油源对比精细厘定了坡移扇油藏的油气来源。

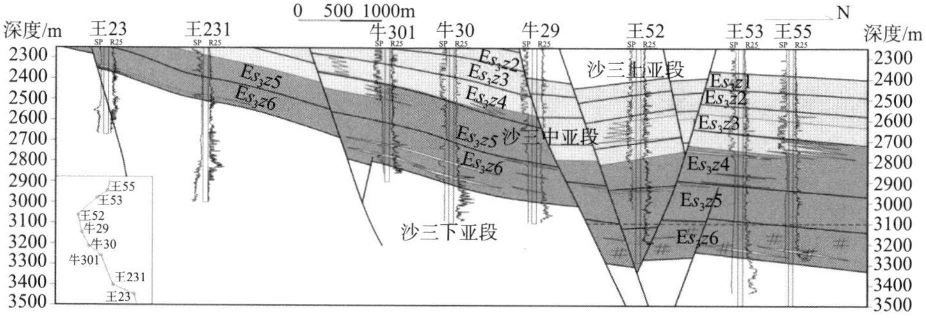

图 5－5　牛庄洼陷东部斜坡王 23 井－王 55 井近南北向有效源岩展布剖面

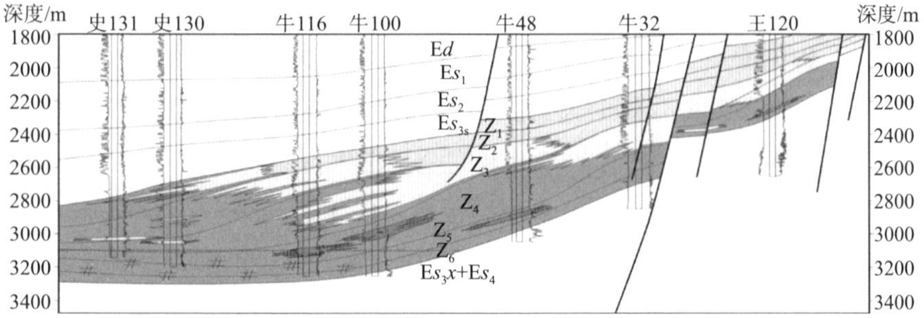

图 5－6　牛庄洼陷南部斜坡王 120 井－史 131 井近东西向有效源岩展布剖面

(1)饱和烃色谱特征。

牛庄油田原油具有低密度(0.8523～0.8976g/cm^3)、低黏度(7.95～86.3mPa·s)及低硫(0.26%～0.55%)特征。原油饱和烃含量较高(均值57.8%),其次为芳烃(均值22.1%)、非烃(均值13.8%),沥青质含量较低(均值6.3%)。原油饱和烃气相色谱参数 CPI、OEP 分别为 0.93～1.15、0.97～1.07,奇偶优势不明显,多数接近 1;正构烷烃($nC_{21}+nC_{22}$)/($nC_{28}+nC_{29}$)多数分布范围为 1.1～1.89。上述原油物性、族组分与气相色谱特征反映牛庄原油为正常成熟油。

从牛庄洼陷沙三中亚段原油与源岩饱和烃色谱对比图(图 5－7)可以看出沙三中亚段原油明显具有植烷优势,而沙三段的源岩具有明显的姥姣烷优势。原油

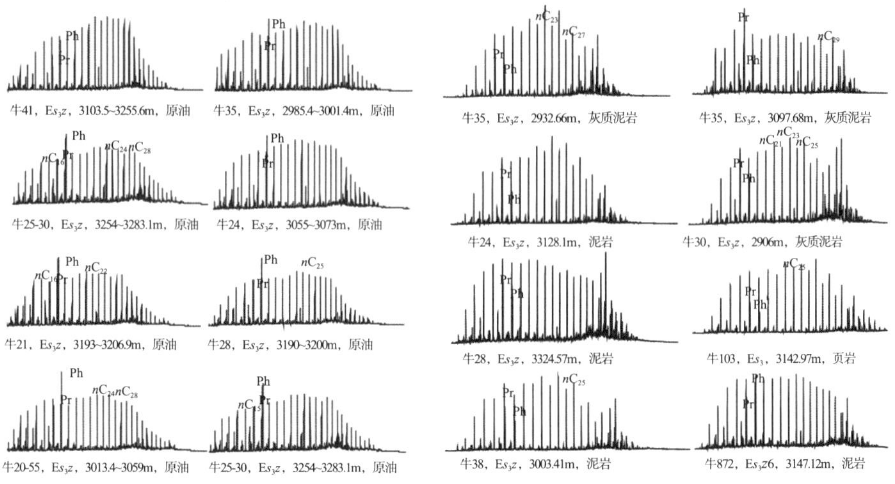

图 5－7　牛庄洼陷沙三中亚段原油与烃源岩饱和烃色谱对比图

Pr/Ph 都小于 1，除个别外，分布范围一般为 0.34 ~ 0.59，而与沙三段烃源岩(Pr/Ph 大于 0.9)截然不同(Pang 等，2003；Li 等，2003；庞雄奇等，2004)，反映牛庄油田沙三段原油不完全来自沙三段烃源岩，该洼陷岩性油气藏成藏模式(高永进等，2004；张俊等，2003)并非完全是自生自储模式。

由于沙三段源岩具有明显的姥姣烷优势，Pr/Ph 一般大于 0.9，而沙四上亚段烃源岩具有明显的植烷优势，因此，利用 Pr/Ph 与 DPT/P 散点图和 Pr/nC_{17} 与 Ph/nC_{18} 散点图可以建立油源对比模板，把沙三中亚段坡移扇油藏原油的对应参数投到上述烃源岩对比图版(图 5 - 8)，可以看出牛庄洼陷沙三中亚段原油为混源油，有相当一部分原油来自沙四上亚段烃源岩。

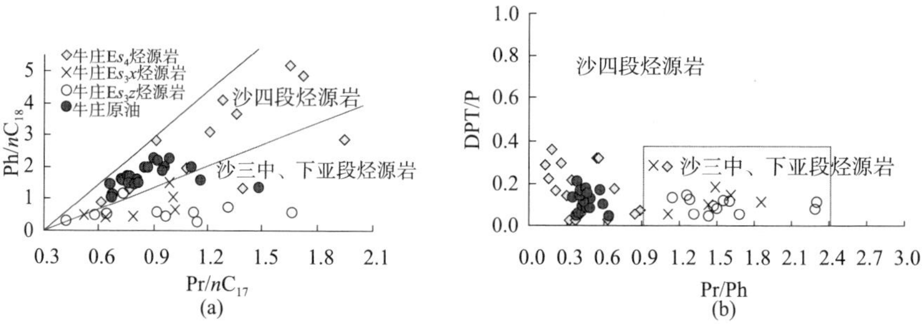

图 5 - 8　牛庄洼陷 Pr/Ph 烃源岩对比模板

(2)甾、萜烷及其异构化参数。

原油中发育丰富的各类萜类化合物。不同原油 m/z191 质量色谱图具有一定的差异，主要体现在伽马蜡烷相对丰度不同。伽马蜡烷相对含量反映母源岩原始沉积环境或水体分层的差异，是区分东营凹陷不同层系烃源岩及相关原油的重要生物标志物。众所周知，东营凹陷沙四上亚段烃源岩形成于咸水相环境，相关原油具有较高的伽马蜡烷含量(李素梅等，2003，2005；庞雄奇等，2003，2004；李素梅等；2004，2005；邱桂强等，2004)；沙三段烃源岩形成于相对淡水环境，相关成因原油中伽马蜡烷含量相对较低(庞雄奇等，2003，2004)。与原地沙三段烃源岩相比，牛庄洼陷周源坡移扇油藏原油中的伽马蜡烷含量相对偏高(图 5 -9)，反映沙四段烃源岩有一定程度的贡献，其与原油 Pr/Ph 偏低相吻合。

依据镜质体反射率测定结果，东营凹陷烃源岩成熟度均不高，在埋深小于 4000m 范围内，源岩镜质体反射率(R_o)一般小于 1%(图 5 -9)。在牛庄洼陷，

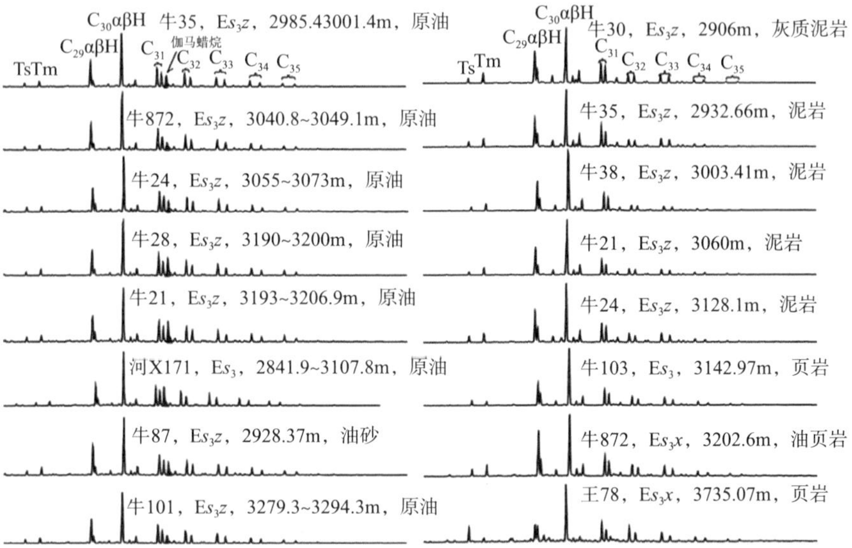

图 5－9　牛庄洼陷沙三中亚段原油与源岩甾烷色谱对比图

烃源岩埋深为 4000m 时所测得的 R_o 值仅 0.7 左右；R_o 与埋深的关系指示生烃门限阶段对应烃源岩埋深一般为 2700m（对应的 R_o = 0.5%）。在 2700m 分界点之上，各类热稳定性低的生物标志物普遍存在，如可检测到甾烯、藿烯和 5β（H）粪甾烷等热稳定性低的化合物；具有较高丰度的生物构型甾烷；富含伽马蜡烷及脱羟基维生素 E；各类甾萜类异构体显示较低的异构化程度，如 C_{29} 甾烷 S/（S + R）、C_{31} 藿烷 22S/（S + R）成熟度参数远未达到异构化终点值等。分界点之下，烃源岩开始进入正常的生油窗阶段。从 C_{29} 甾烷 ααα 20S/（S + R）以及 C_{29} 甾烷 αββ/（ααα + αββ）等参数与埋深的关系图中，亦可以看出坡移扇油藏的原油成熟度相对较高，C_{29} 甾烷 ααα 20S/（S + R）值主要为 0.4 ~ 0.6，C_{29} 甾烷 αββ/（ααα + αββ）值为 0.4 ~ 0.7，表现出混源的特征（图 5 – 10）。

甾烷、藿烷相对比值是一个与成熟度及生源相关的参数，图 5 – 11（a）所示不同成熟度原油及沙四段烃源岩 C_{29} 甾烷/C_{30} 藿烷分布范围较宽，但沙三中、下亚段烃源岩变化不大，反映甾类化合物的生物先质，如藻类微生物输入不及沙四段。与沙四段烃源岩相比较，牛庄原油中相对较高的甾类化合物表明沙四段烃源岩有所贡献。此外，参数 2XC24 – 四环/C26 – 三环萜烷清楚地反映牛庄原油与沙四段烃源岩有较好的相关性（图 5 – 11b）。

反映烃源岩原始沉积环境的另一重要参数三芴系列的相对含量(图5－12),进一步显示沙三中亚段烃源岩并非牛庄油田原油的有效烃源岩,其具有较高的氧芴含量,反映偏氧化性原始沉积环境。牛庄油田原油与沙四上亚段、沙三下亚段烃源岩可能有成因联系。

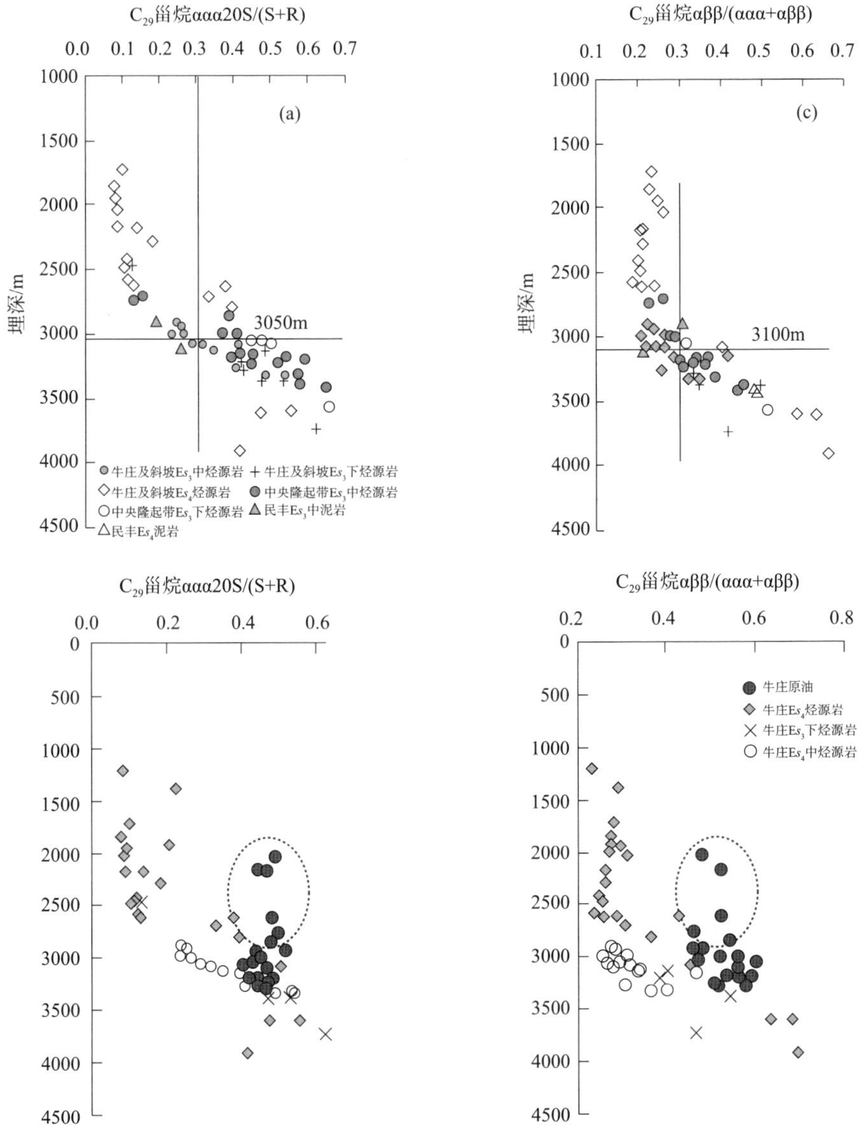

图5－10　牛庄洼陷甾烷异构化参数与埋深关系图

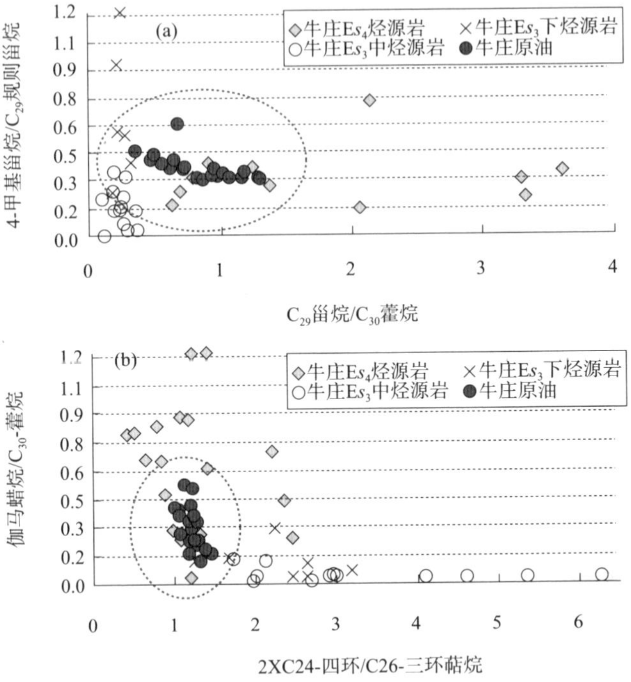

图 5－11　牛庄洼陷原油、烃源岩生物标志物分布特征

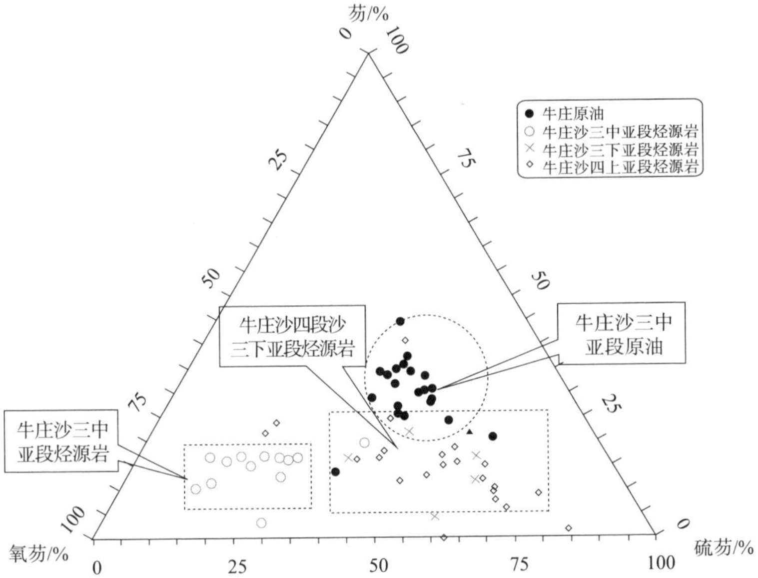

图 5－12　牛庄洼陷源岩、原油三芴系列油源对比模板

5.1.2 隐蔽输导体系研究

坡移岩性体主要发育在洼陷带，四周包裹在暗色泥岩当中，油气源条件非常有利，但前文研究表明，坡移砂体成藏具有多源供烃的特征，因此，油气输导是成藏的关键。毋庸置疑，断层是油气运移的重要通道，对坡移砂体成藏起着重要作用，但事实上大多数坡移砂体没有被断层切割，且也能成藏，说明还存在其他方式的油气运移通道。分析认为，坡移扇成藏需要隐蔽输导体系，隐蔽输导的要素主要包括低级序断层、微断层、微裂缝以及叠置的坡移砂体，甚至包括泥岩中的干酪根网络。

1)低序级断层、微裂缝

低序级断层是指由高级断层派生的、用常规地球物理(如三维精细构造解释)难以识别的小、微断层(如断距小于10m，或延伸长度小于100m，断开层位少)，具有较强的隐蔽性。常规地震剖面上有很多难以识别的低序级断层或者微断层，其在地震剖面上相应不强烈，可能仅仅表现为同向轴的错动或尖灭、扭动等，把存在上述特征的低级序断层进行精细解释，会发现在常规地震剖面上多出很多断层，如牛庄洼陷牛872井-史128井近东西向剖面(图5-13)。低序级断层的发育往往与高级序断层伴生，受区域构造应力的影响。另外，岩心上可以观察到微断层，是证明其发育最直接的证据，官11井2926.5m在岩心上发育一条近垂直的断层，断层泥发育，被红褐色与暗色泥岩互层充填[图5-14(a)]。另

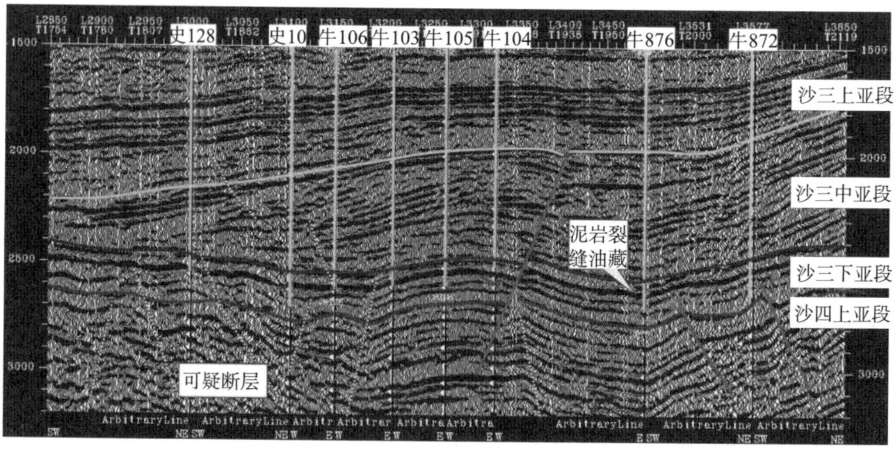

图5-13 牛庄洼陷牛872井-史128井近东西向地震剖面

外，在坡移扇的滑移变形层及拉伸变形层段，存在很多滑脱断层和粒序断层，断距仅 3～5cm。如牛 876 井 3398.2m 发育的粒序断层，阶梯式断层断开砂泥互层，断距小[图 5－14(b)]。牛 100 等井亦可以观察到滑脱断层[图 5－14(a)]。

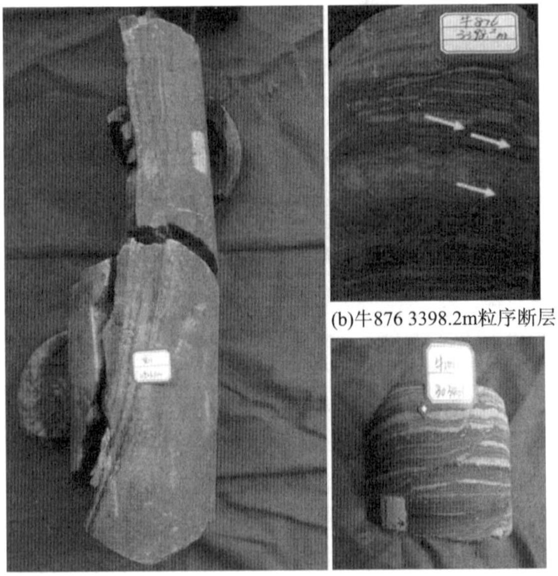

(b)牛876 3398.2m粒序断层

(a)官11 2926.5m低级序断层　　(c)牛100 3034.65m滑脱断层

图 5－14　低序级断层、微断层的岩心特征

2)微裂缝

除低序级断层和微断层之外，在坡移砂体发育的深水环境中，还发育诸多肉眼无法识别的微裂缝。微裂缝的类型很多，主要包括构造裂缝、成岩裂缝、异常超压裂缝以及成岩收缩裂缝等[图 5－15(e)]。这些裂缝有的在后期成岩作用中被泥质或碳酸盐岩充填，但也有部分裂缝目前仍开启[图 5－15(a)]，这些裂缝在地质历史时期内可以有效输导油气，镜下薄片中可以直接观测到很多裂缝中含油[图 5－14(c)、(f)]，荧光薄片下亦反映相同的观点[图 5－14(d)]。

3)坡移砂体

在前文坡移扇体展布特征研究中可知，在物源充足、坡角适应，触发条件好的区域，坡移扇砂体厚度大，且可以叠合连片，特别是牛庄东部地区的 6 砂组和 4 砂组(图 3－27、图 3－28)，因此，坡移扇体本身也可以输导油气，特别是在油气成藏早期，油气不足的情况下，油气首先通过连通的坡移砂体运移到高部位的优势圈闭聚集成藏。另外，利用储层的颗粒荧光分析技术，可以很好地证明坡

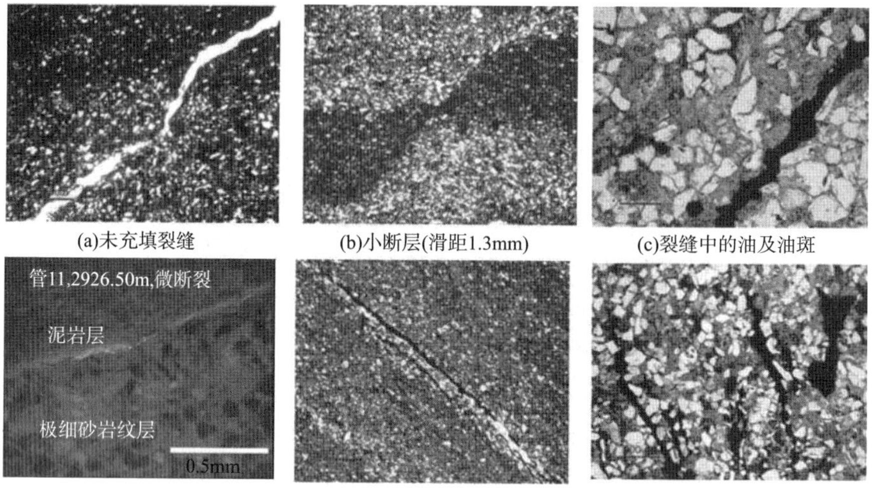

(a)未充填裂缝　(b)小断层(滑距1.3mm)　(c)裂缝中的油及油斑
(d)荧光薄片(裂缝中含油)　(e)成岩收缩缝　(f)构造裂缝及孔隙含油

图 5－15　各种成因裂缝的镜下特征

移扇体储层的输导作用。

定量颗粒荧光技术(颗粒包裹烃定量荧光分析 QGF—Quantitative Grain Fluorescence 和储层颗粒吸附烃和非烃定量荧光分析 QGF－E—Quantitative Grain Fluorescence on Extract)主要应用于储层油气运移通道与古油水界面的研究(刘等，2003；刘等，2005；姜振学等，2006)。定量颗粒荧光技术(QGF)使用短波长的紫外光对储层岩石颗粒进行照射激发，通过测量岩石颗粒表面及岩石内部包裹体中烃类流体发出的荧光强度来确定古油柱的位置或判断是否为油气运移通道。QGF 测定使用的是经过粉碎和清洗过的干燥的储层岩石颗粒样品(刘等，2003；刘等，2005)。QGF－E 分析主要有两个参数，即 QGF－E 强度(1.2g 样品在 20mL DCM 中萃取物的最高荧光强度值)及与之相对应的发射光波长 λ_{max}。储层岩层表面的有机吸附物主要是通过物理与化学作用吸附在矿物表面，主要为吸附能力较强的极性化合物、脂肪烃和芳烃。不同的芳烃与极性化合物具有不同的光谱特征，单环芳烃如苯主要发射光谱峰为 287nm，二环芳烃主发射峰波长为 320～325nm；三环有两个发射峰，波长分别为 320nm 和 365nm；四环的双峰波长分别为 320nm、365nm；极性化合物主发射峰波长为 370nm。稀释原油的主要发射峰分别位于 320nm 和 365nm 处，代表芳烃和极性馏分。样品 QGF－E 强度的高低是原油、有机化合物浓度的反映。前人研究结果表明，济阳坳陷地区油层的 QGF－E 值一般为 40～1000pc，水层样品一般为 4～21pc，低一个数量级，而油层的 QGF 值一般大于 4pc，水层样品一般小于 4pc。典型坡移扇储层的储层颗粒 QGF－E 光谱指纹图显示 QGF－E 值大部分大于 100pc（图 5－16），表明即使目前未成藏的坡移扇体在地质历史时期内也曾输导油气。

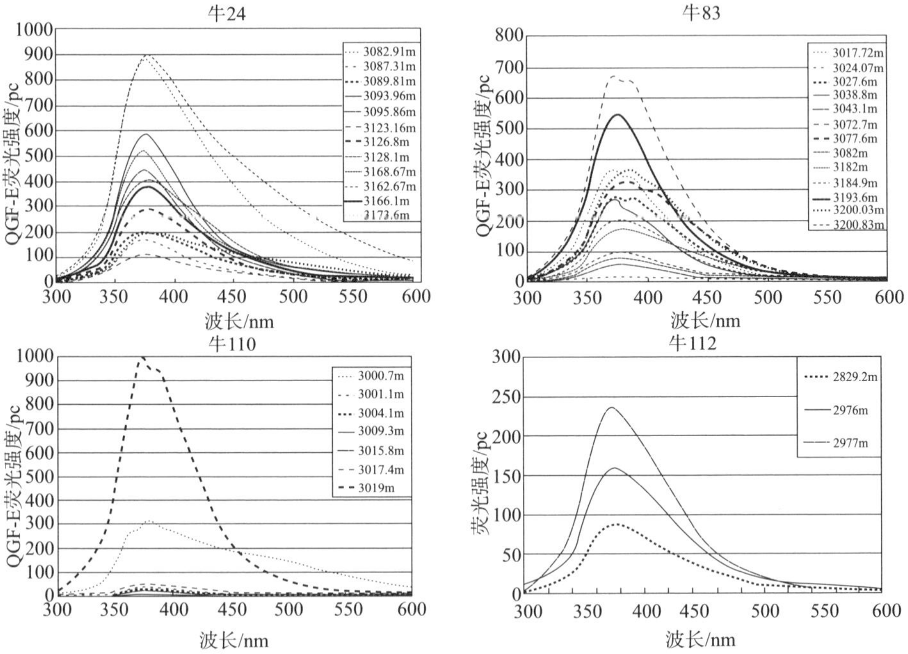

图 5－16　牛庄洼陷部分储层颗粒 QGF－E 光谱指纹图

综上所述，除了有大断层沟通的坡移砂体外，大部分坡移砂体是靠由低级序断层、微断层、微裂缝和砂体本身构造的隐蔽输导网络沟通沙三下亚段、沙四上亚段源岩，从而实现油气的运聚成藏。

5.1.3　成藏模式研究

本次研究在前人成果的基础上进行深化分析，认为坡移扇岩性油藏在油源充足和输导有利的情况下，表现为“相—势”耦合、幕式置换的成藏模式。通过研究，主要取得了两点认识，一是坡移扇成藏的储层物性下限不是一个简单的固定值，而是一个受充注动力和温度控制的动态值。二是坡移扇的含油高度和含油饱和度受两种幕式置换的聚油模式影响，即油气成藏后的动态调整过程对含油高度和含油饱和度的影响不可忽略，但是目前尚未找到合适的手段来表征这种影响。

1)坡移扇成藏的动态物性下限

笔者在研究过程中，系统分析了不同坡移扇体类型及浊积岩储层物性与含油性的关系，研究表明，储层含油性与物性对应关系不明显：含油储层中、低物性储层占到一定的比例；含油储层物性差异不明显；相同物性的储层含油性差异明显(图5－17，图5－18)。总体上表现出含油性与物性之间并无很好的对应关系，如果武断地推测坡移岩性油藏的含油性受储层物性影响较小，显然是不合适的。为了解释这一问题，计算了储层理论物性下限，计算流程如图5－19所示。油气成藏的临界状态即充注动力 P_f 等于成藏的阻力 P_c。而成藏阻力 P_c 是与储层最大连通孔喉半径 r_0间存在定量关系，最大连通孔喉半径 r_0可以用储层的渗透率进行计算，其中受油水界面的润湿角 θ 和油水界面张力 δ 影响。

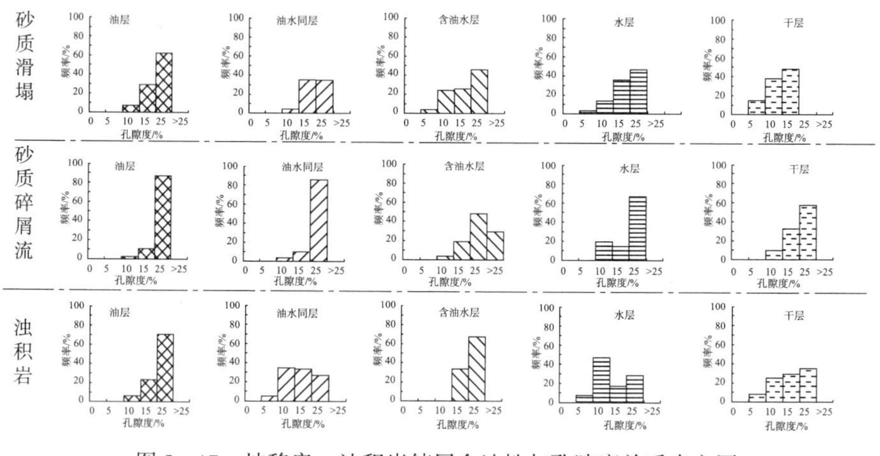

图5－17　坡移扇、浊积岩储层含油性与孔隙度关系直方图

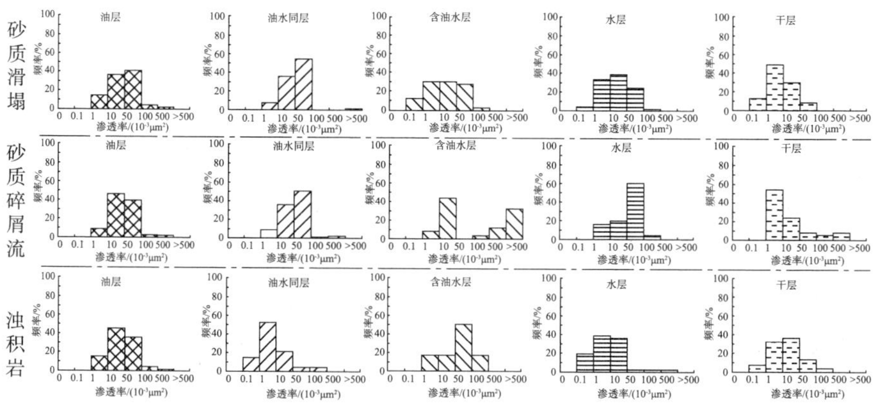

图5－18　坡移扇、浊积岩储层含油性与渗透率关系直方图

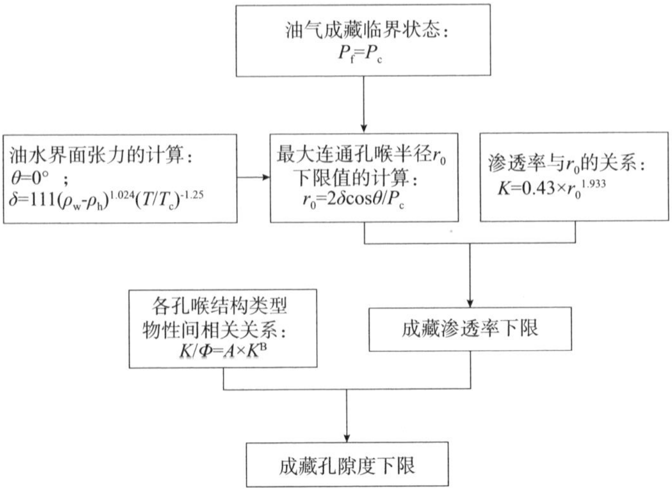

图 5－19　储层成藏物性下限计算流程图

具体计算过程如下：

步骤一：油水界面张力的计算：

$$\delta=111(\rho_w-\rho_h)^{1.024}(T/T_c)^{-1.25} \qquad (5-1)$$

式中，δ 为油水界面张力；ρ_w 为水的密度，g/cm³；ρ_h 为油的密度，g/cm³；T_c 为温度背景值,℃。温度 T 分别取 50℃、75℃、100℃、125℃、150℃，计算的 δ 分别为 31.4mN/m、28.6mN/m、26.3mN/m、24.2mN/m、22.4mN/m。

步骤二：最大连通孔喉半径 r_0 下限值的计算：

$$r_0=2\delta\cos\theta/P_f \qquad (5-2)$$

步骤三：成藏渗透率下限的计算：

$$K=0.3927\times r_0^{1.7992} \qquad (5-3)$$

最后，根据孔隙度与渗透率间的定量模型即可计算成藏的孔隙度下限值。参照张伟(2014)对洼陷带浊积岩的孔隙结构分类原则及成藏物性下限计算的模板(图 5－20)。结果表明，相同地温条件下，渗透率下限随成藏动力的增加而降低；相同成藏动力条件下，渗透率下限随地温增加而降低。不同非均质类型对应不同的孔隙度、渗透率下限。

2)坡移岩性油藏幕式置换模式

目前，储层中发育的超压并非坡移砂体成藏时的充注动力，充注动力应该是瞬时超压，当泥岩中的压力大于储层中的压力时，油气发生充注，但是透镜体内

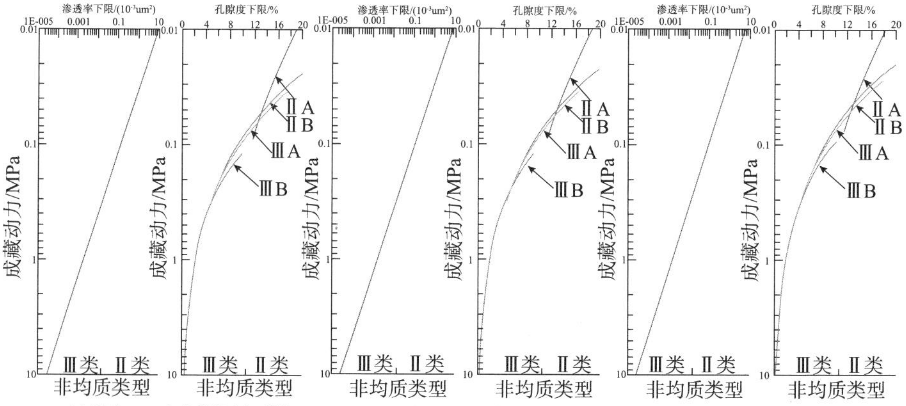

(a)地温为50°时成藏物性下限　(b)地温为75°时成藏物性下限　(c)地温为100°时成藏物性下限

图 5－20　储层物性下限计算模板(据张伟，2014)

压力会逐渐升高，与围岩的压力迅速达到平衡。因此，坡移砂体的充注动力存在一个瞬时降低为零的过程，在这个过程中，成藏的物性下限也会随之升高。直到成藏过程达到平衡。综合前人研究，目前较认可的两种聚油模式是压力封存箱幕式演化聚油排水模式和断层幕式泄压聚油排水模式(图 5－21)。

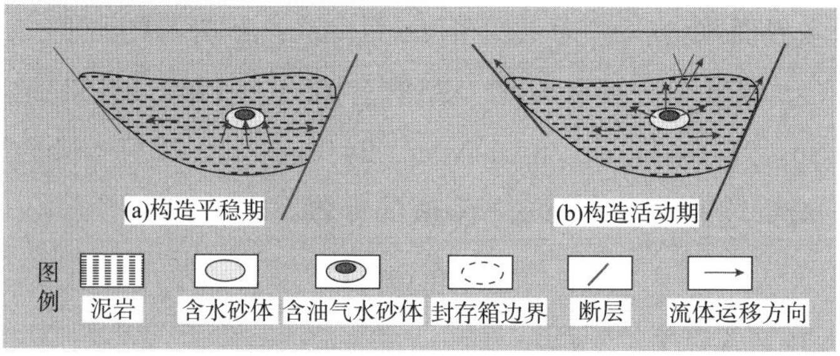

压力封存箱幕式演化聚油排水模式

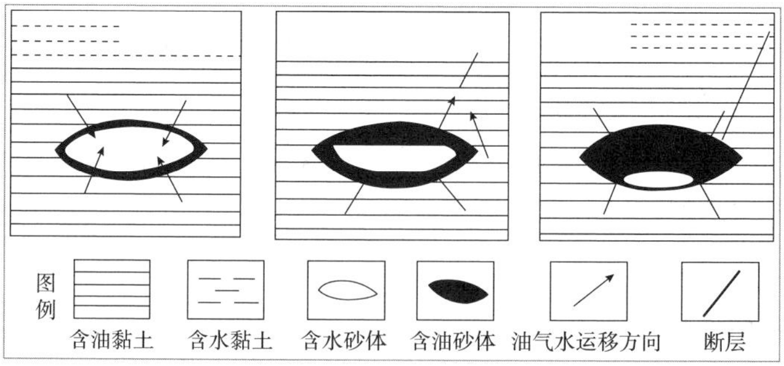

断层幕式泄压聚油排水模式

图 5－21　坡移岩性油藏的聚油排水模式图

压力封存箱幕式演化聚油排水模式：构造活动期，封存箱边界和顶界破裂，围岩流体泄压，当围岩压力下降到一定程度时，砂岩透镜体中的压力将大于围岩压力，砂体内的油气水向外排出，直到二者压力平衡。通过压力封存箱幕式演化达到圈闭油气注入与油气水排出。

断层幕式泄压聚油排水模式：断陷盆地幕式构造活动引发岩性圈闭周期性的油气注入和油气水排出，有限的地层水不断被排出，实现圈闭油气水交换过程。交换次数越多，圈闭充满度越高。

综上所述，坡移岩性油藏的含油高度或含油饱和度受成藏后两种幕式置换频繁程度的影响。

5.2 成藏期的确定

研究过充中，利用流体包裹体资料确定坡移砂体的成藏期次的思路如下：对显微测温获得的均一温度进行统计分析，将与油包裹体或含烃盐水包裹体同期的盐水包裹体的均一温度投影到相应的地层埋藏史图中，获取包裹体捕获时间，最终确定出油气充注的期次及时期。从油伴生的盐水包裹体分布直方图可以看出(图 5－22)，坡移砂体储层的包裹体均一温度主要分布在 95～105℃和 115～125℃两个区间，因此，可初步判断油气存在早期充注和晚期充注，为多期成藏。

将同期的盐水包裹体均一温度投影到各自的埋藏史图上，就可以获得各个测点各期次的充注年龄值。以牛 38 井为例，其烃类同期盐水包裹体均一温度直方图的峰值为 105～110℃和 115～120℃，将该温度区间投到牛 38 井的埋藏生烃史图上，即可得出油气充注的时间为 14～6Ma(图 5－23)。

将不同样品得到的这些年龄值再投影到统一的时间轴上，便可确定砂砾岩成岩圈闭的成藏时期。从坡移砂体成藏时间汇总图上可以看出(图 5－24)，宏观上，牛庄洼陷周源坡移砂体岩性圈闭油藏为三期充注，第一期为 43.5～24.6Ma，第二期为 13.8～8Ma，第三期为 7.5～0Ma。其中 24.6～13.8Ma 期间为间歇期。

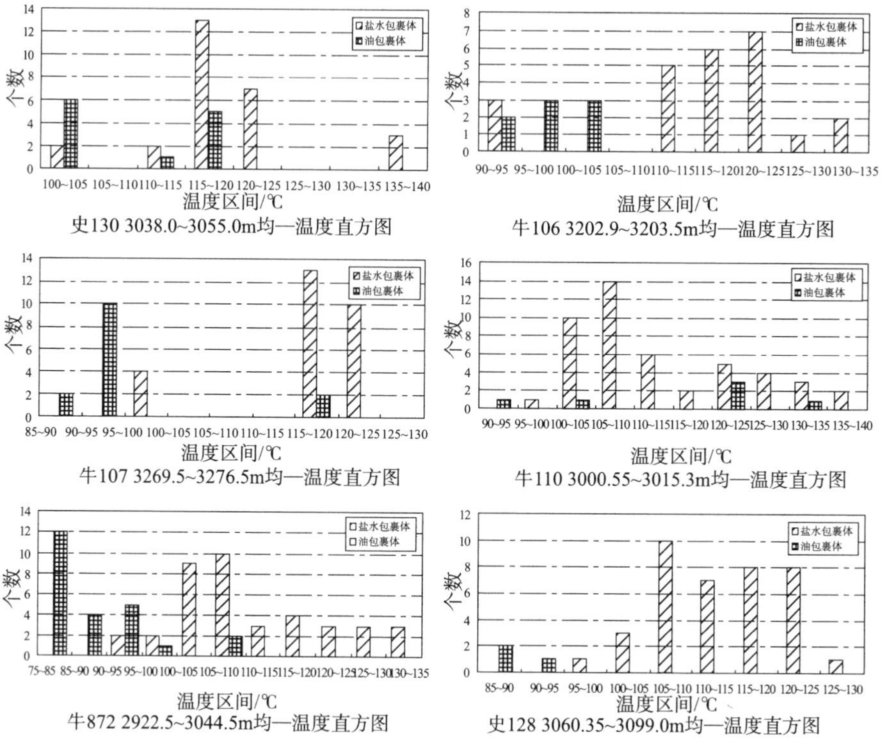

图 5－22　典型单井包裹体均一温度直方图

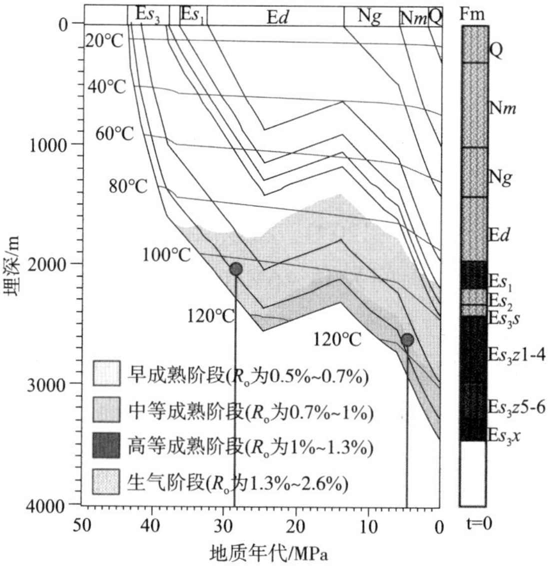

图 5－23　利用均一温度和埋藏史图确定成藏时间示意图

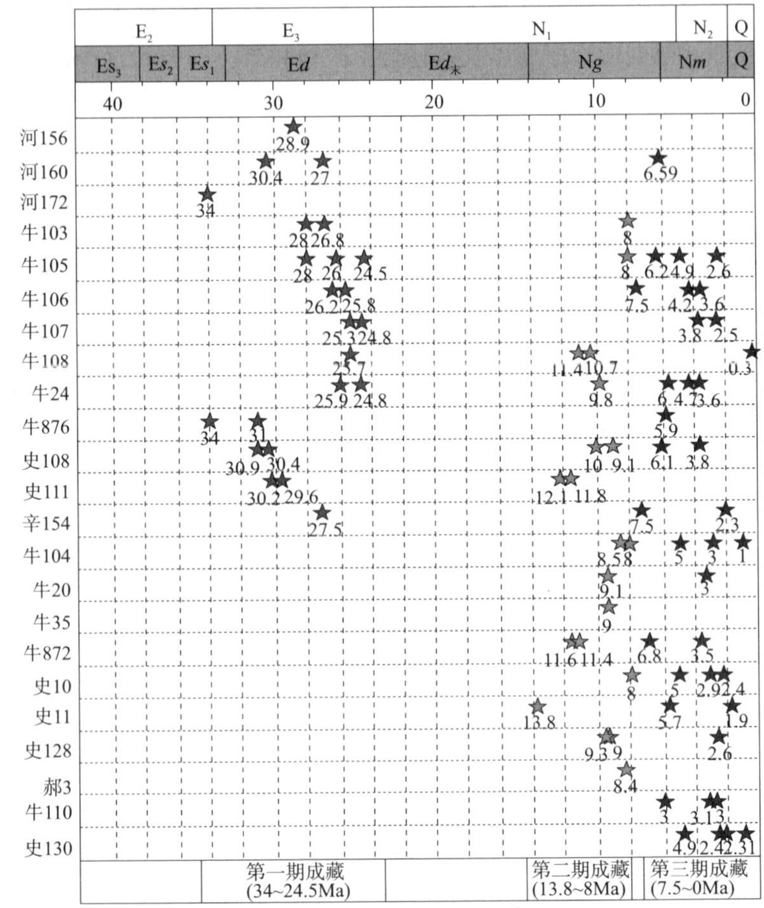

图 5－24　坡移砂体油气成藏期确定

5.3　成藏期物性恢复

储层的现今孔隙是储层在埋藏过程中的原生孔隙经过一系列成岩作用改造后保存下来的那一部分孔隙和产生的部分次生孔隙的总和，要获得地质历史时期储层的孔隙度，就需要对不同时期储层孔隙进行恢复，进而研究储层的物性演化过程。

目前，关于储层物性演化的物理模拟实验研究主要集中在次生孔隙形成机理方面，有关碎屑岩储层埋藏成岩过程中物性参数变化的模拟才刚刚起步；关于储层地质历史时期孔隙度演化恢复主要是用反演回剥的方法。前人主要是利用反演回剥法的原理，根据成岩序列以及各种自生矿物和溶孔的面积百分比，定量计算各种成岩作用对储层孔隙度的贡献量，恢复地质历史时期储层的孔隙度，并没有确定各成岩作用发生的精确时间、古高程以及压实作用校正等问题，也很少对储层地质历史时期的孔隙结构和渗透率进行恢复。实际上，利用反演回剥法恢复地质历史时期储层孔隙演化需要解决原始孔隙度求取、成岩演化序列的建立、面孔率与孔隙度的转化、成岩作用发生时间和对应的古埋深的确定及压实校正等关键问题。

因此，本次研究直接借鉴操应长(2012)的反演回剥物性恢复方法，该方法首先进行成岩演化序列约束下的储层地质历史时期的孔隙度演化恢复，然后恢复地质历史时期各主要成岩作用阶段储层孔隙结构，最终在孔隙结构的约束下演化恢复储层地质历史时期的渗透率，总体流程如图 5－25 所示。

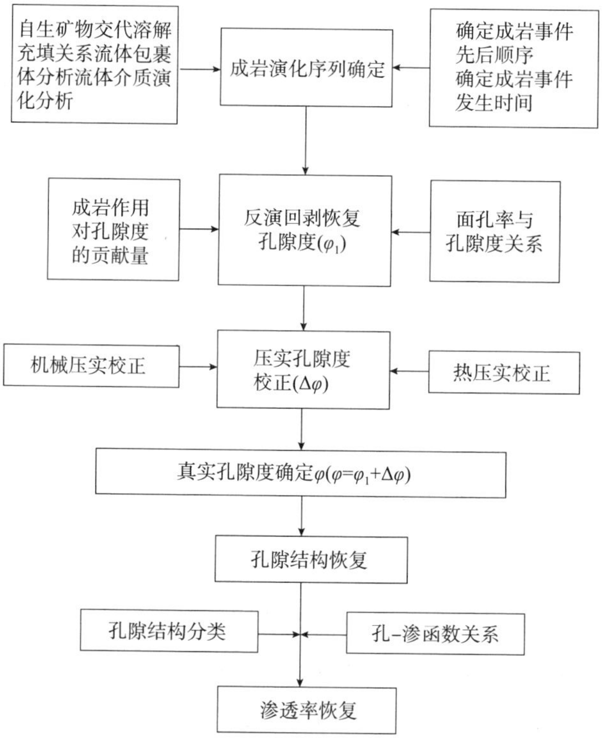

图 5－25　反演回剥物性恢复法流程图

5.3.1 成岩演化序列及成岩相

反演回剥物性恢复方法是建立在成岩演化序列研究的基础上，因此，首先对坡移砂体储层的成岩作用进行研究，建立成岩演化序列，划分成岩相，针对不同成岩相建立对应的物性恢复模板。

1)成岩作用类型

坡移扇体储层的成岩作用主要包括压实作用、胶结作用、溶蚀作用和交代作用。镜下特征显示坡移扇体储层的压实作用多为中等压实程度，颗粒间的接触关系多为点接触和颗粒接触，线接触的相对较少(图5－26)。推测其原因可能是沙三中亚段物源供给充足，沉积速率大，在成岩作用早期容易发育欠压实成因的超压。

(a)牛30，2871.85m，颗粒点接触　(b)牛83，3199.83m，颗粒点接触　(c)牛24，3159.17m，颗粒线接触

(d)牛108，3091m，颗粒线接触　(e)牛35，2978.87m，云母压实变形　(f)牛30，2880.72m，刚性颗粒破裂

图5－26　储层的成岩压实作用镜下特征

镜下可观察到早期的菱铁矿胶结，反映了成岩作用早期，沙三中亚段沉积时期表现为弱碱性的沉积环境[图5－27(a)]。石英次生加大边发育，反映了有机酸的注入，流体环境由碱性变为酸性，在酸性环境下，石英颗粒加大[图5－27(b)]；另外，随着成岩作用的逐步加深，依次发育早期的高岭石胶结[图5－27(c)]，中晚期的铁方解石、铁白云石胶结，以及晚期的黄铁矿胶结等[图5－27(d)、(e)、(f)]。

总体而言，三角洲前缘残留层和砂质碎屑流段的储层胶结作用弱到中等，而溶蚀作用相对较强，最典型的就是长石颗粒的溶蚀，个别颗粒已溶蚀殆尽[图5－28(a)、(b)]。坡移砂体发育在深水环境，前文分析表明，沙三中亚段烃源岩为优质烃源岩，虽然成熟度较低，但在进入生烃门限之前可大量生成有机

(a)牛35，2978.87m，菱铁矿胶结　(b)牛20，3033.75m，石英次生加大　(c)牛30，2871.85m，高岭石胶结

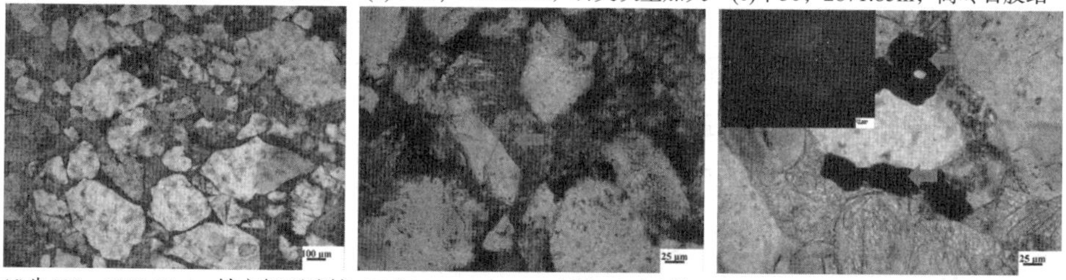

(d)牛128，3059.55m，铁方解石胶结　(e)牛20，3066.9m，铁白云石胶结　(f)牛128，3059.55m，黄铁胶结

图5－27　储层的成岩胶结作用镜下特征

酸，因此，溶蚀作用强烈，部分岩屑亦被溶蚀[图5－28(c)]。石英加大边亦存在溶蚀现象，反映了成岩环境的酸碱交替变化过程[图5－28(d)、(e)]，晚期的碳酸盐岩溶孔反映了截至目前一直存在流体的交换[图5－28(f)]。交代作用类型也多种多样，包括早期的高岭石交代长石、高岭石交代石英加大边，以及中晚期的铁白云石交代长石、石英加大边或铁方解石等(图5－29)。

(a)牛128，3059.55m，长石溶蚀　(b)牛30，2880.72m，长石溶蚀　(c)牛83，3199.83m，岩屑溶蚀

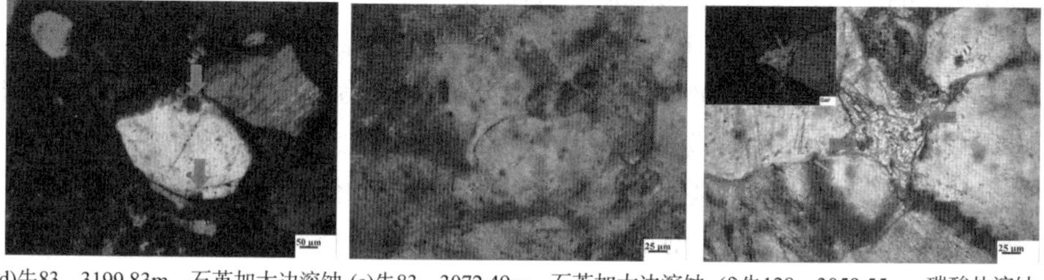

(d)牛83，3199.83m，石英加大边溶蚀　(e)牛83，3072.49m，石英加大边溶蚀　(f)牛128，3059.55m，碳酸盐溶蚀

图5－28　储层的成岩溶解作用镜下特征

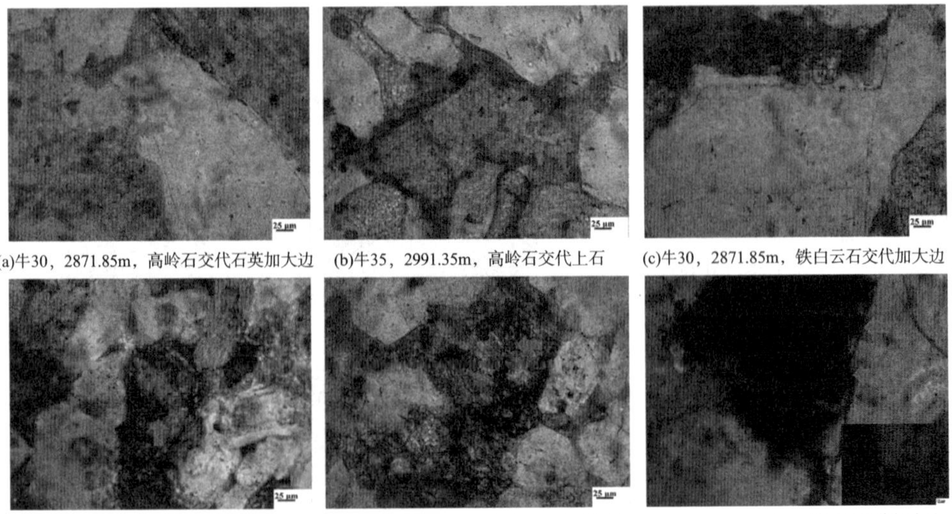

(a)牛30，2871.85m，高岭石交代石英加大边　(b)牛35，2991.35m，高岭石交代上石　(c)牛30，2871.85m，铁白云石交代加大边

(d)牛30，2891.62m，铁白云石交代铁方解石　(e)牛83，3072.49m，铁白云石交代长石　(f)牛128，3059.55m，黄铁矿交代加大边

图 5－29　储层的成岩交代作用镜下特征

2) 成岩演化序列

在成岩作用研究的基础上，明确了牛庄洼陷周源坡移砂体的成岩环境大致经历了弱碱性—酸性—弱碱性—酸性的变化。在成岩环境的控制下，成岩演化序列可概括为成岩作用、菱铁胶结—长石溶解、石英加大或黏土矿物转化—石英溶解、碳酸盐岩胶结、铁碳酸盐岩胶结—碳酸盐溶解、石英晚期加大、黄铁矿胶结(图 5－30)。

3) 成岩相

坡移扇储层的压实作用中等，多以点接触和颗粒接触为主，差异不明显。因此，主要根据早期溶蚀及晚期胶结程度的差异，可以把坡移扇储层的成岩相类型划分为三类：强溶蚀弱胶结成岩相、强溶蚀中等胶结成岩相和微弱溶蚀强胶结成岩相(图 5－31)。

坡移砂体储层的成岩相与纵向序列模式中的层段具有较好的对应关系，其中砂质碎屑流段多为强溶蚀弱胶结成岩相，前缘残留层段多为强溶蚀中等胶结成岩相，拉伸变形层段主要包括强溶蚀中等胶结成岩相和微弱溶蚀强胶结成岩相，而滑移变相层段多为微弱溶蚀强胶结成岩相。因此，可以建立不同坡移砂体的成岩相分布模式(图 5－32)。砂质滑动包括微弱溶蚀强胶结成岩相和强溶蚀中等胶结成岩相，砂质滑塌包括微弱溶蚀强胶结成岩相、强溶蚀中等胶结成岩相和强溶蚀弱胶结成岩相，砂质碎屑流包括微弱溶蚀强胶结成岩相和强溶蚀弱胶结成岩相。

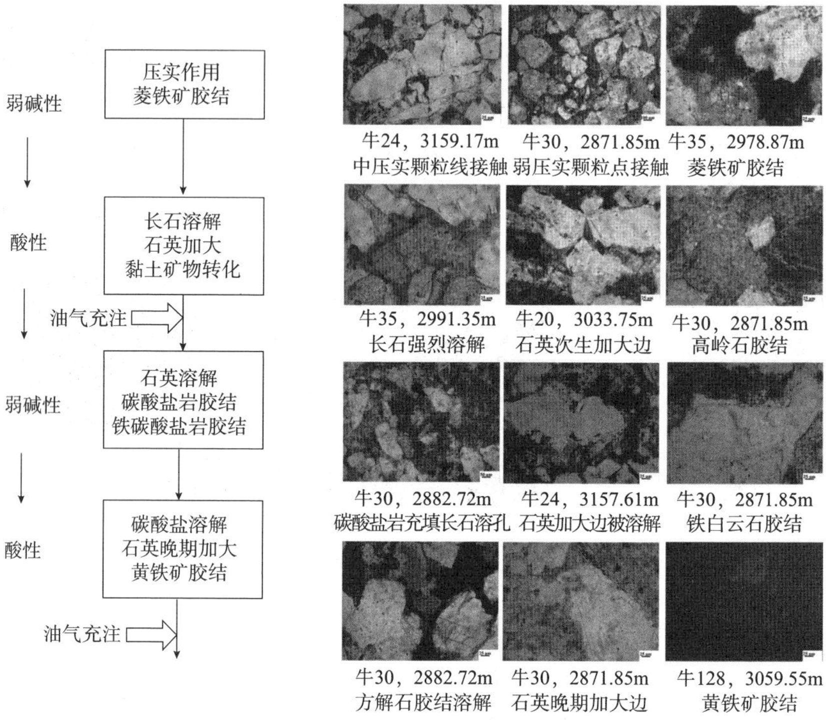

图 5－30　坡移扇体储层的成岩演化序列

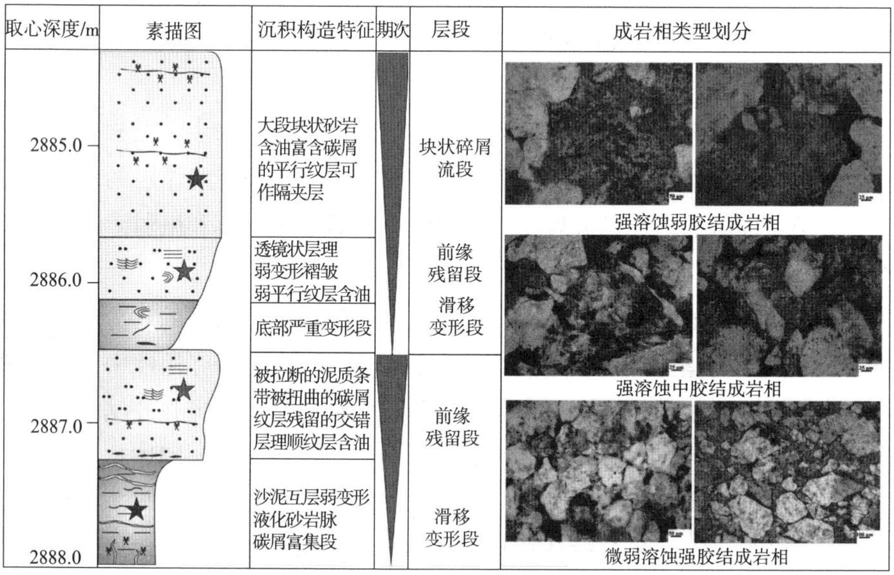

图 5－31　坡移扇体储层的成岩相分类

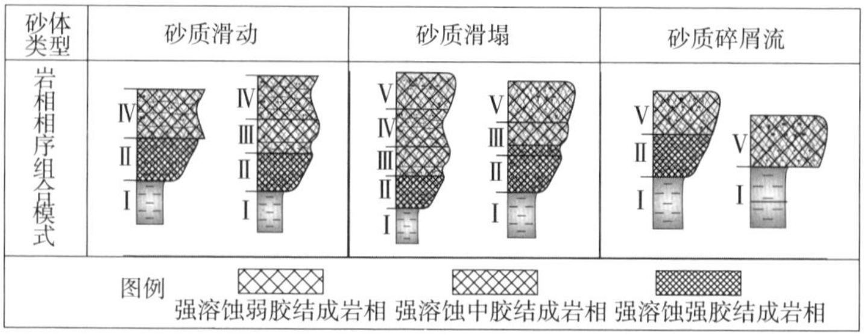

图 5－32　坡移砂体类型及成岩相分布模式

4）差异成岩作用

不同层段受沉积组构以及储层展布位置的影响，成岩作用存在差异。滑移变形层发育泥岩撕裂屑或泥质砂岩，杂基中的泥质含量多，早期压实作用减孔率高；纸质条带等隔层多，影响了后期流体的充注，因此，酸性溶蚀作用相对较弱，增孔较少。整体表现为原生孔隙持续减少，次生孔隙增加不明显的特征，孔隙度持续降低（图 5－33）。

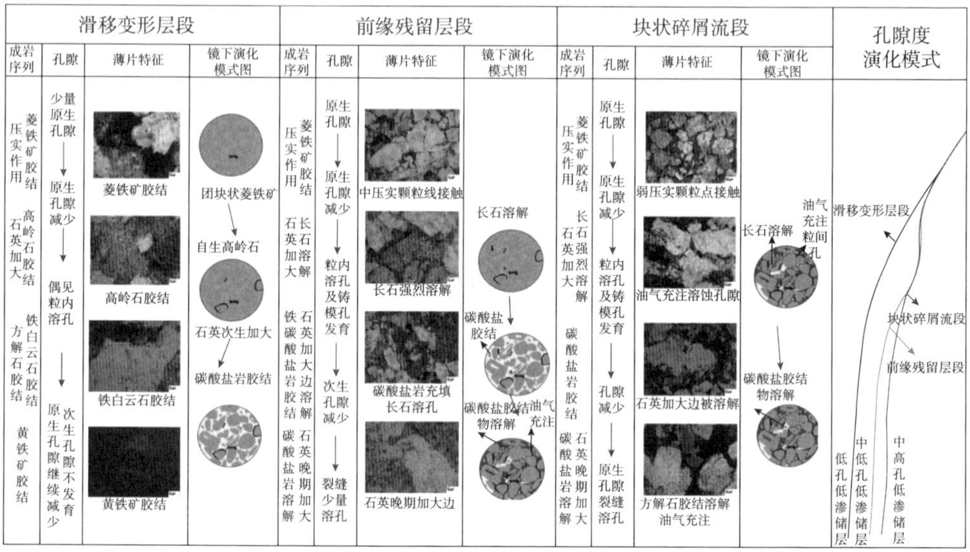

图 5－33　不同层段的差异成岩作用

前缘残留层主要残存在砂质滑动和砂质滑塌中，多发育在斜坡上部，距离烃源岩相对较远，不利于早期充注。而块状碎屑流段发育坡脚处，油气易于早期充注，对成岩作用起到抑制作用。因此，块状碎屑流在两个次生孔隙发育带的增孔作用最为明显。

5.3.2 反演回剥物性恢复模板

在储层成岩演化序列和不同成岩相差异成岩作用研究的基础上，利用反演回剥储层物性恢复方法，针对不同成岩相储层建立了储层物性恢复模板。研究结果表明，受差异成岩作用的影响，不同主力层段的物性恢复模板差异明显，主要表现出如下特征。

(1)滑移变相层，总体上物性持续下降，第一期次生孔隙发育段不明显；增孔率仅为0.7%~1.8%，储层的孔隙度快速下降，到东营沉积末期，孔隙度减至15%左右，第一期成藏时为中孔储层，到现今孔隙度持续下降，平均孔隙度降至10%左右，第二期油气充注时多为低孔储层(图5－34)。

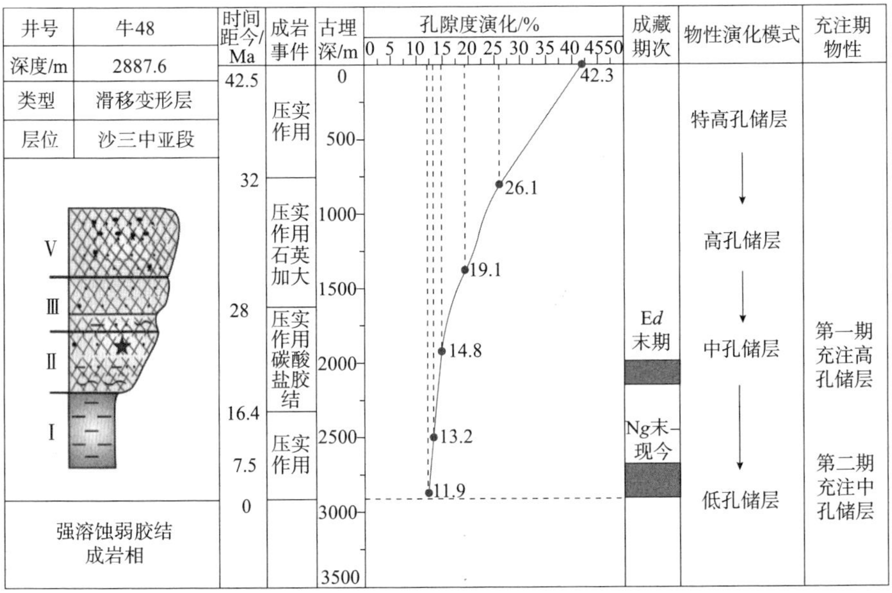

图5－34　滑移变形层段反演回剥储层物性恢复模板

(2)前缘残留层在压实作用和早期溶蚀共同作用下，主要发育早期次生孔隙发育带，早期的增孔作用明显，增孔率可达3.8%~5.1%，东营沉积末期，孔隙度仍可保持为20%~25%，第一期成藏时为高孔储层，晚期的次生孔隙发育带不明显，到现今孔隙度持续下降，平均孔隙度降至15%左右，第二期油气充注时仍为中孔储层(图5－35)。

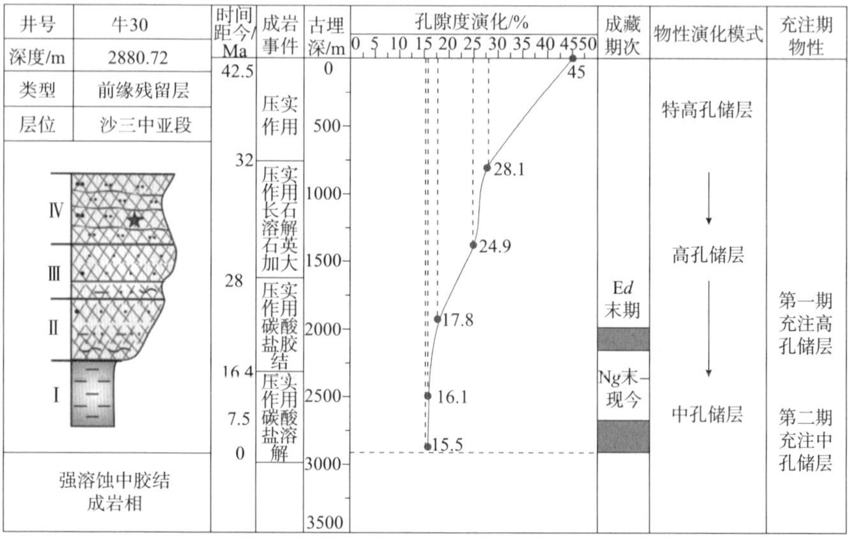

图5－35　前缘残留层段反演回剥储层物性恢复模板

(3)块状碎屑流存在两个次生孔隙发育段，早期的增孔作用明显，增孔率可达2.8%~5.4%，东营沉积末期，孔隙度仍可保持为20%~25%，第一期成藏时为高孔储层，晚期的次生孔隙发育带仍发育，现今孔隙度持续下降，平均孔隙度降至17%左右，第二期油气充注时仍为中孔储层(图5－36)。

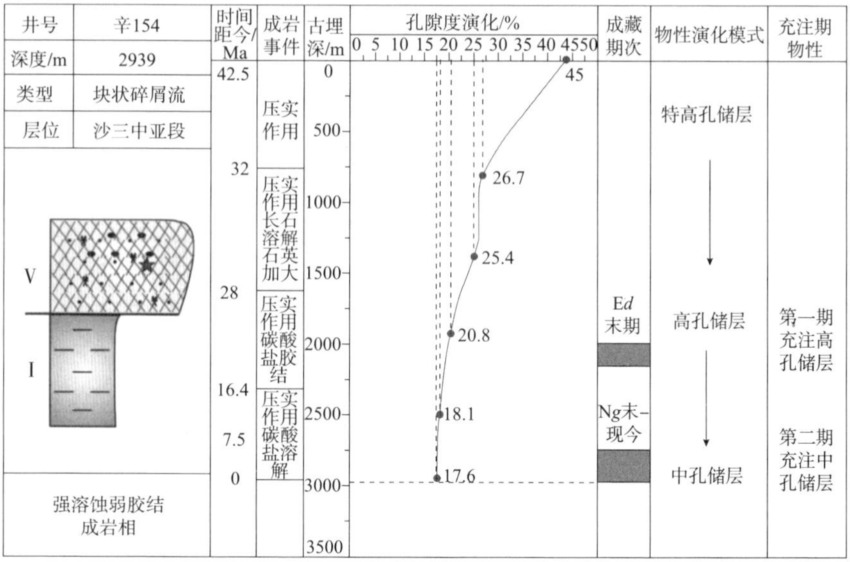

图5－36　块状碎屑流段反演回剥储层物性恢复模板

5.3.3 关键成藏期物性特征

利用储层物性恢复模板可以恢复单井坡移扇砂体成藏期的物性，进而完成关键成藏期的储层物性剖面，以牛庄洼陷周缘史111井－辛154井近东西向典型剖面为例，东营沉积末期，沙三中亚段的埋深为1500～2300m，储层孔隙度为20%～35%，均可达常压充注下限；特别是牛庄东部地区，砂质碎屑流及三角洲前缘残留层段的孔隙度仍可达30%，史南地区的埋深相对较大，为2000～2300 m，但孔隙度大都大于20%（图5－37）。

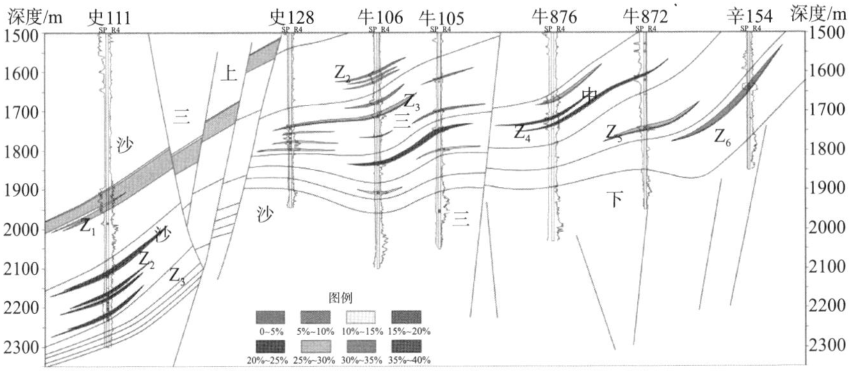

图5－37 史111井－辛154井近东西向坡移砂体东营组沉积末期物性剖面特征

沙三中亚段地层在构造抬升之后重新被埋藏，直至明化镇初期，才重新达到抬升前的埋深，因此，明化镇沉积末期埋深仅为1800～2600m，储层孔隙度仍为15%～30%，大部分满足常压充注下限（图5－38）。

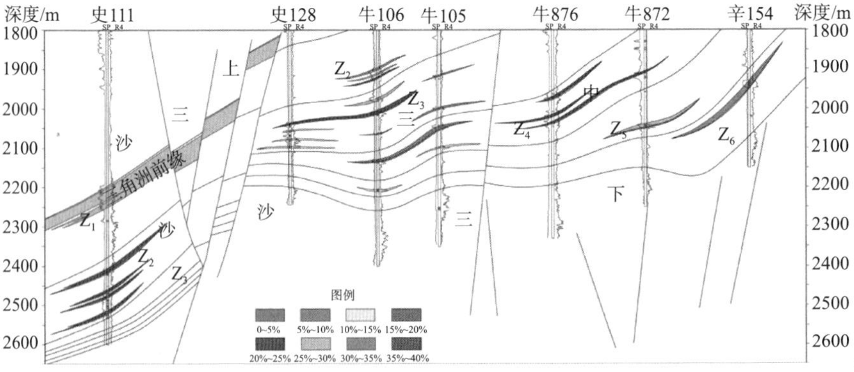

图5－38 史111井－辛154井近东西向坡移砂体馆陶组沉积末期物性剖面

截至现今，沙三中亚段的地层埋深为2800～3600m，储层孔隙度为10%～25%，小部分大于17%，满足常压充注下限，大部分的储层孔隙度低于常压下的充注下限，即坡移扇成藏需要异常压力作为动力(图5－39)。

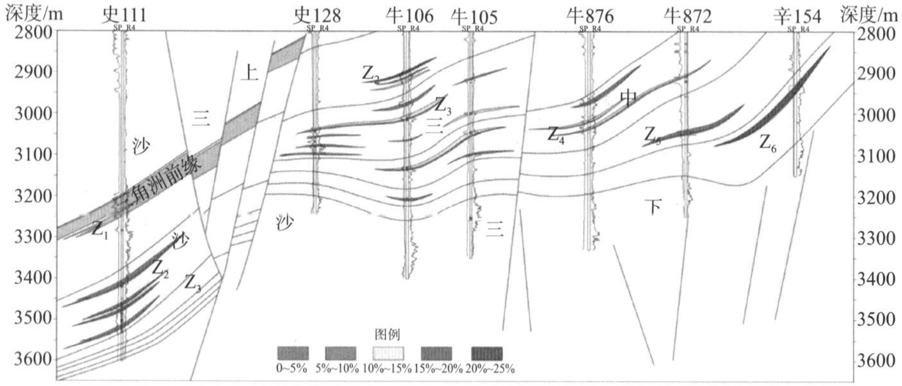

图5－39　史111井－辛154井近东西向坡移砂体现今物性剖面

5.4　成藏期压力恢复

5.4.1　成藏期压力恢复

在成藏期物性恢复的基础上，利用包裹体测压数据计算地质历史时期的单井地层压力，并以此为标定，利用Petrolmod软件恢复关键成藏期的地层压力剖面。恢复结果表明，沙三中亚段超压在东营末达到一个高峰，随后由于构造抬升而释放压力，随构造沉降新近系再次发育超压(图5－40)。

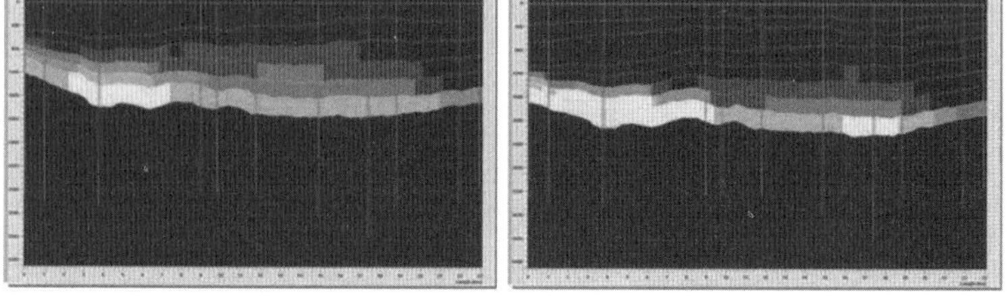

图5－40　利用Petrolmod恢复地质历史时期的压力场

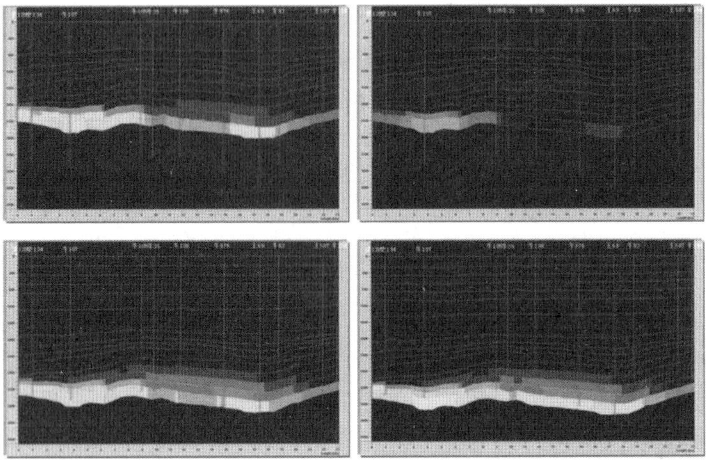

图 5-40 利用 Petrolmod 恢复地质历史时期的压力场(续)

5.4.2 关键成藏期压力特征

根据模拟结果完成关键地质历史时期剩余压力分布剖面图，由史 111 井-辛 154 井近东西向剖面压力的发育情况可以看出，牛庄洼陷周缘主力烃源岩层系在油气成藏期内普遍发育异常高压，尤其在洼陷中心区特别发育。超压演化整体上经历了早期形成—下降调整—晚期再次增大三个阶段。

不同层系不同构造部位的异常压力发育情况存在差异。东营组沉积末期，沙三下亚段普遍发育超压，史南地区沙三中亚段开始发育超压，剩余压力可达 10MPa(图 5-41)；明化镇组沉积末期，史南地区沙三下亚段超压继续发育，牛

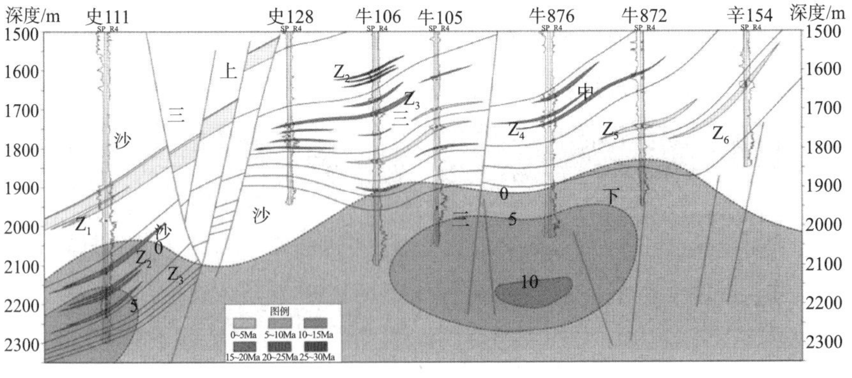

图 5-41 史 111 井-辛 154 井近东西向坡移砂体东营组沉积末期剩余压力剖面

庄东部 Z6 地层开始发育超压(图 5－42)；现今史南地区及牛庄东部地区沙三中亚段普遍发育超压，牛庄南部地区超压不明显(图 5－43)，但是牛庄南部地区的沙三中亚段，直至现今仍以常压为主(图 5－44)。

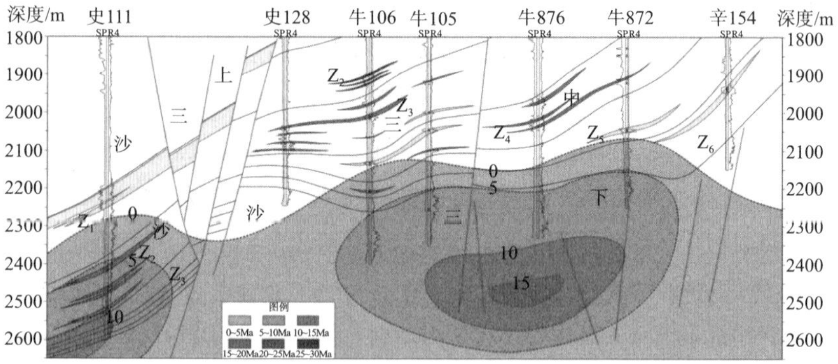

图 5－42　史 111 井－辛 154 井近东西向坡移砂体馆陶组沉积末期剩余压力剖面

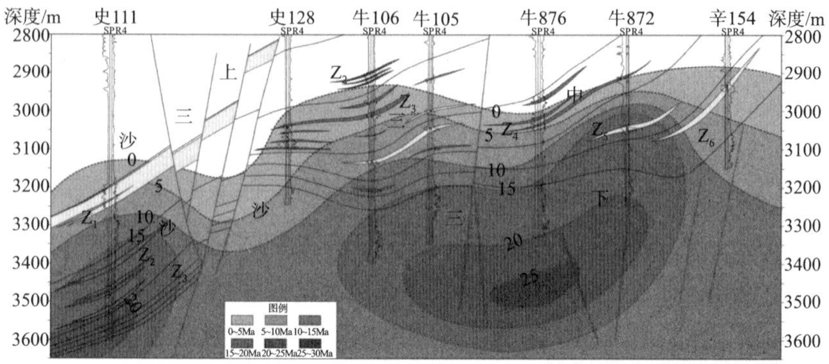

图 5－43　史 111 井－辛 154 井近东西向坡移砂体现今剩余压力剖面

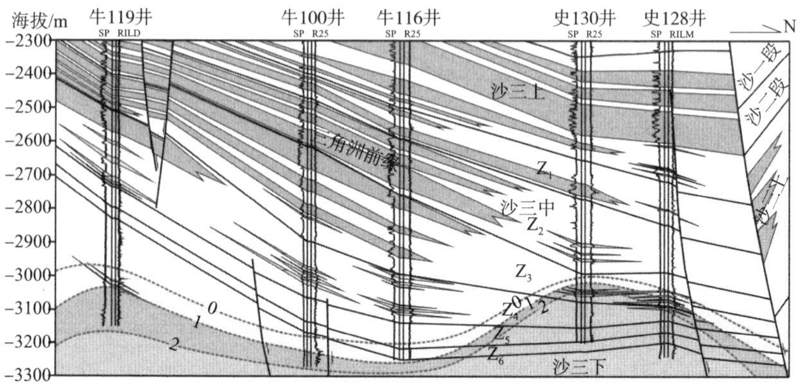

图 5－44　牛 119 井－史 128 井近东西向坡移砂体现今剩余压力剖面

5.5 坡移扇动态成藏过程

在关键成藏期物性剖面展布特征及剩余压力剖面展布特征的基础上，系统分析各关键成藏期“相—势”耦合的关系，恢复了坡移扇油藏的动态成藏过程。

东营组沉积末期，史南地区沙三中亚段开始发育超压，剩余压力可达10MPa；牛庄东部为常压区，但是储层物性好(20%~35%)，均满足常压充注的条件。史南地区压力系数可达1.45，可以产生超压裂缝，牛庄东部地区压力系数仅1.25，泥岩裂缝较少发育。此时发生第一次油气充注，沙四上亚段或沙三下亚段生成的油气通过输导优先在超压裂缝发育区和油源断层附近聚集。史南地区存在超压裂缝输导，史128井区、牛876井区及辛154井区发育油源断层或伴生的低序级断层输导，均在早期成藏(图5－45～图5－48)。

馆陶组沉积末期沙三下亚段和史南地区超压继续增大，牛庄东部Z6地层开始发育超压。储层物性好(15%~30%)，大部分满足常压充注的条件。牛庄东部地区沙三下亚段的压力系数可达1.39，开始发育泥岩裂缝，其中牛106井区及牛872井区的沙三中亚段已开始发育超压。馆陶沉积末期发生第二次油气充注，沙四上亚段或沙三下亚段生成的油气通过输导优先在超压裂缝发育区和油源断层附近聚集。史南地区、牛106井区和牛872井区靠超压裂缝输导，史128井区、牛876井区依靠油源断层或伴生的低序级断层输导油气(图5－46～图5－48)。

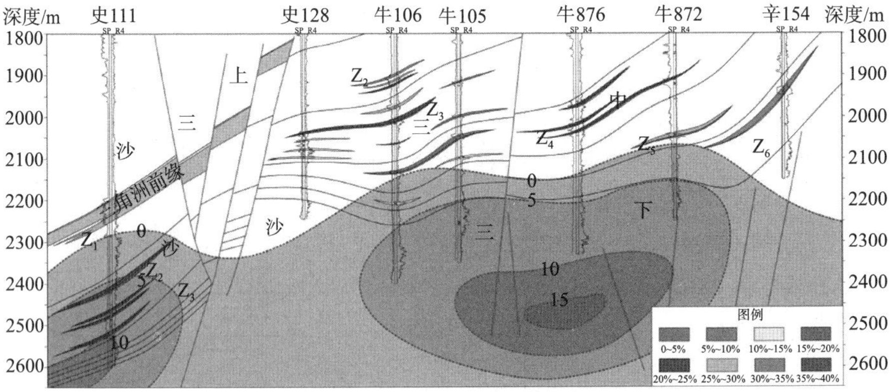

图5－45　史111井－辛154井近东西向坡移砂体东营组沉积末期“相—势”耦合剖面

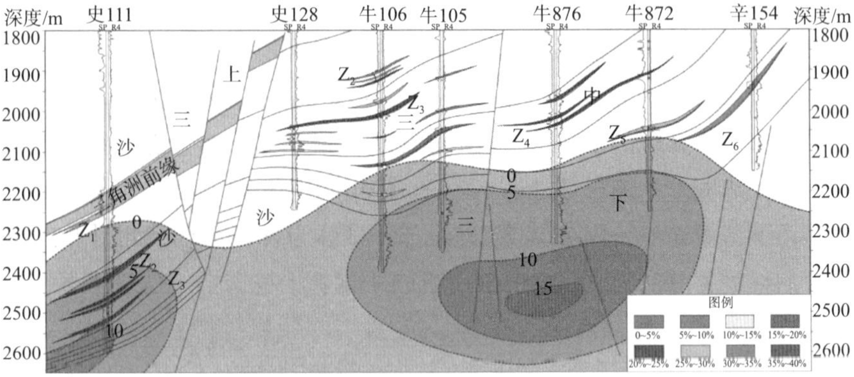

图 5－46　史 111 井－辛 154 井近东西向坡移砂体馆陶组沉积末期“相—势”耦合剖面

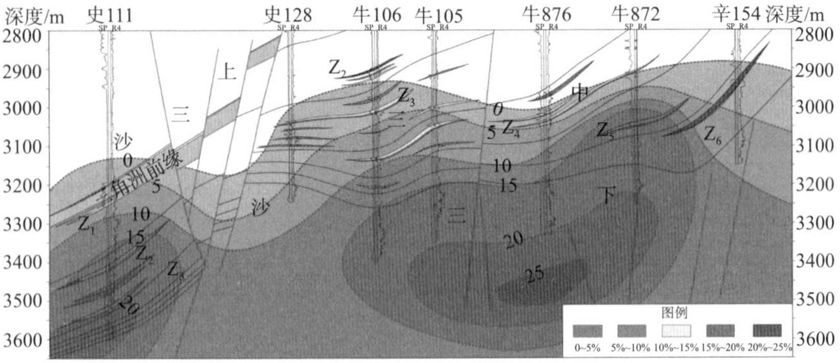

图 5－47　史 111 井－辛 154 井近东西向坡移砂体现今“相—势”耦合剖面

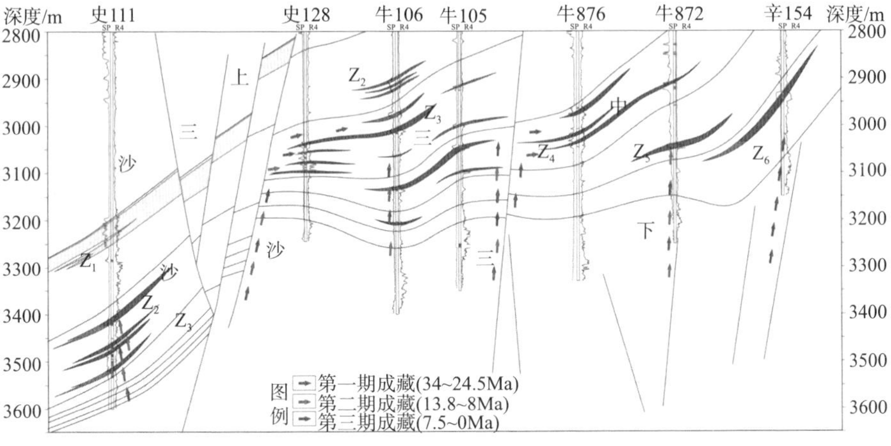

图 5－48　史 111 井－辛 154 井近东西向坡移砂体三期成藏剖面

现今，沙三下亚段和史南地区普遍发育超压，次生储层物性大多为10%~20%，大部分储层需在异常压力作用下幕式充注。牛庄东部地区沙三中亚段的压力系数已达1.48，泥岩裂缝大量发育，断层和压力双重控制下，隐蔽输导体系发育。现今发生第三次油气充注的沙三下亚段或沙三中亚段生成的油气通过隐蔽输导体系在超压区充注成藏。牛庄东部地区Z4~Z6砂组普遍发育超压，绝大部分砂体可在超压作用下幕式充注，仅Z2~Z3砂组部分砂体为常压系统，此时储层物性成为影响含油性最关键的因素(图5-47、图5-48)。

6　坡移扇含油性定量预测方法研究

在微观机理解剖的基础上，优选能表征含油性主控因素的宏观地质要素，建立了分类型、分层次的含油性定量评价模型。

6.1　含油性定量评价的思路

在以上研究的基础上，综合前人研究成果认为斜坡带的坡移扇与深洼带浊积岩的成藏模式类似，都具有“多源供烃、隐蔽输导、“相—势”耦合、幕式置换”的成藏模式。多源供烃是指沙三中亚段坡移扇岩性油藏的油气可来自沙四下亚段烃源岩和沙三中、下亚段烃源岩；油气需要借助隐蔽输导体系运移至坡移扇圈闭中成藏，其中隐蔽输导要素包括低级序断层、微断层、裂缝、干酪根有机网络；油气运移至储层后在“相—势”耦合的情况下聚集成藏且后期不断调整，可存在多期的幕式置换(图6－1)。

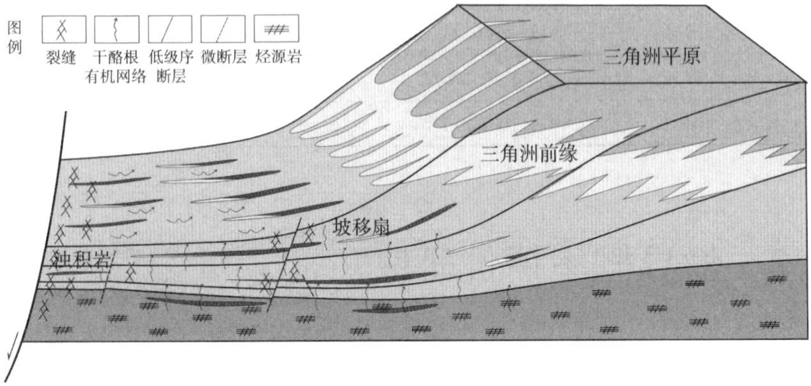

图6－1　坡移岩性油藏成藏模式图

坡移扇的含油性是多因素综合控制的结果，各因素间相互牵制、作用复杂，且含油高度受砂体面积和厚度以及后期调整影响较大，直接建立含油高度与源、运间的单因素关系往往相关性非常差，因此，采用分层次评价的方法，建立中间参数，提出了输导概率的概念：

$$K = H_{显示}/H_{砂体} \tag{6-1}$$

式中，K 为输导概率；H 显示为有含油显示砂体的厚度，m；H 砂体为砂体厚度，m。

该参数的优点是分析源、运影响时，避免坡移砂体隔夹层和幕式置换对坡移扇含油高度的影响，另外“输导概率”适用于所有重力流砂体含油性预测。坡移扇体含油性分层次评价的参数可划分为影响输导概率的参数和影响富集程度的参数(表6－1)，其中烃源岩的供给能力和隐蔽输导体系的输导能力共同影响了输导概率，而输导概率、砂体规模、储层物性和成藏动力影响富集程度。

表6－1　坡移岩性油藏含油性评价参数表

分类	代码	参数	单位	备注
输导概率	A1	与烃源灶的距离(平面、垂直)	m	源
	A3	排烃强度	$10^6 t/km^2$	源
	B1	距断层距离	m	裂缝宽度、地应力
	B2	断层活动性(断距、生长指数)	m、—	裂缝宽度、地应力
	C1	压力系数	—	动力、裂缝产生的条件
	C2	裂缝输导指数	—	隐蔽输导效能、动力
富集概率	a1	压力系数	—	势
	b1	砂体面积	km^2	相
	b2	砂体厚度	m	相
	b3	平均孔隙度	%	相
	b4	平均渗透率	$10^{-3} um^2$	相

6.2　输导概率评价研究

对输导概率进行评价，首先需要对影响输导概率的因素进行正确的表征，选取能够反映微观机理的宏观地质要素，从而建立各因素与输导概率的单因素关系，在此基础上，利用多元线性回归的方法，建立输导概率预测模型。

6.2.1 油源供给能力的表征

油源对比结果表明，沙三中亚段坡移扇体的油气主要来自沙四上亚段和沙三下亚段。为了有效表征烃源岩的供烃能力，本次研究过程中，选取单井砂体距烃源岩层系的距离以及沙三下亚段的排烃强度两个指标对供烃能力进行表征。从整个东营凹陷来看，沙三下亚段的排烃强度在利津洼陷可达 $1400 \times 10^4 t/km^2$，而牛庄洼陷周源的排烃强度一般为 $(200 \sim 1000) \times 10^4 t/km^2$。不同砂层组坡移扇砂体发育区的排烃强度略有差异（图 6－2），Z_6沉积时期，坡移扇砂体只要分布在斜坡带靠近物源的斜坡上，排烃强度一般为 $(300 \sim 600) \times 10^4 t/km^2$，排烃强度的分布区间相对比较小；$Z_5$沉积时期，坡移扇的分布范围向深洼带方向推进，此时的排烃强度一般为 $(350 \sim 700) \times 10^4 t/km^2$；而 Z_4沉积时期，坡移扇的分布范围继续向深洼带方向推进，此时的排烃强度一般为 $(400 \sim 800) \times 10^4 t/km^2$；到 Z_1沉积时期，坡移扇的分布范围推进到中央隆起带的下降盘，此时的排烃强度一般高达 $(800 \sim 1000) \times 10^4 t/km^2$；但是在空间上，坡移砂体距烃源岩的垂直距越来越大。

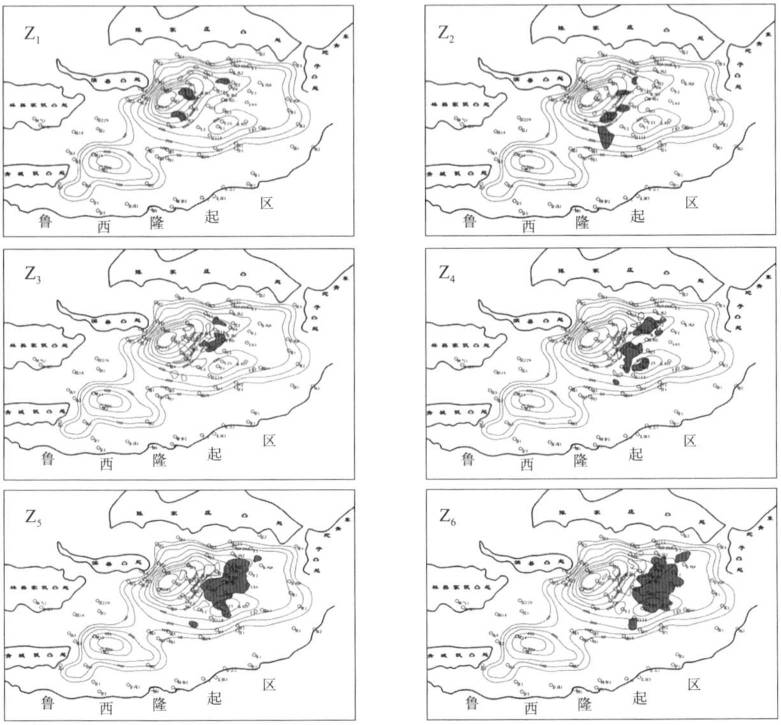

图 6－2　沙三下亚段排烃强度与坡移砂体展布叠合图

综上所述，对某一坡移砂体而言，由于其空间分布位置的差异，供烃能力亦有不同。砂体发育的层系越晚，其发育区对应的沙三下亚段烃源岩的排烃强度越大，但是距离烃源岩的距离越远，两者呈互补的关系。从单因素与输导概率关系散点图中可以看出，输导概率与距烃源岩距离成反比，相关系数好(图6－3)；与排烃强度的呈正比，但是相关性差(图6－4)。

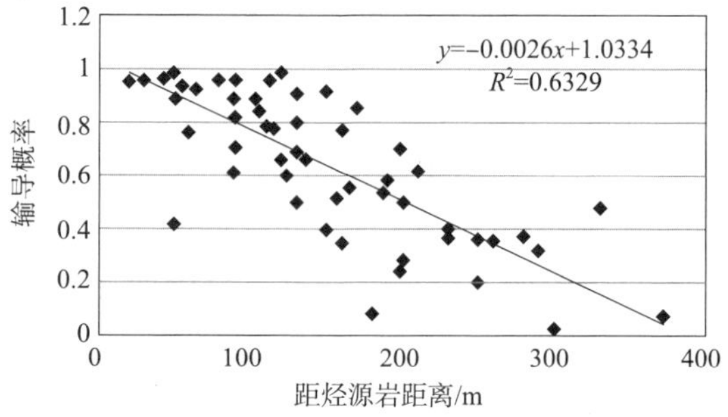

图6－3　距烃源岩距离与输导概率关系散点图

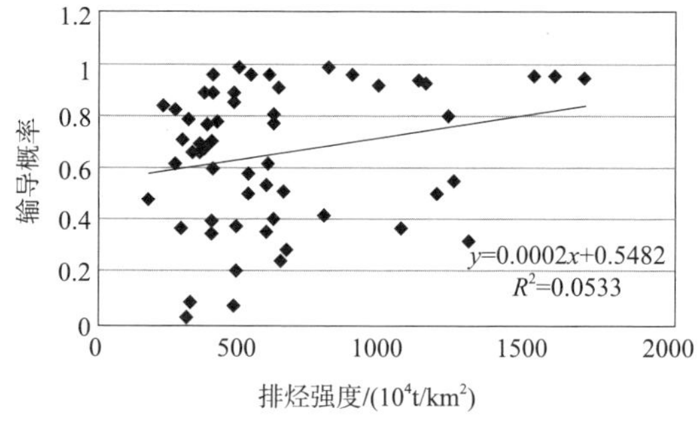

图6－4　排烃强度与输导概率关系散点图

6.2.2　隐蔽输导能力的表征

组成隐蔽输导体系的主要输导要素是低序级断层和泥岩裂缝，本次研究从低级序断层和泥岩裂缝形成的机制出发，借鉴前人的研究成果，合理选取各输导要素的表征参数。

1)低序级断层

低序级断层是指由高级序断层派生的、用常规地球物理方法难以识别的小、微断层(如断距小于10m，或延伸长度小于100m，断开层位少)，具有较强的隐蔽性。由五级以上断层派生的六级、七级断层等就属于低级序断层的范畴。高、低序级断层之间有密切的成因联系。低序级断层是由高级序断层的活动而产生的分枝(次生、派生)断裂，其形成与控制它的高级序断层的活动及其所产生的局部应力场有密切的关系，当这些局部应力场达到岩石的抗张、抗剪强度时，岩层的连续性被破坏，进而产生低级序断层(图 6－5)。

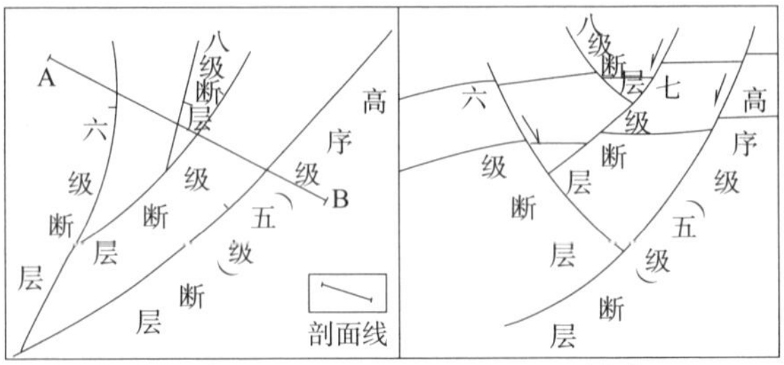

(a)平面　(b)剖面

图 6－5　高级序断层与低序级断层的组合模式图

虽然无法对低级序断层进行逐一刻画，但从其形成机制上分析，距离高级序断层越近，其派生的低级序断层越发育，活动性也越强。因此，本次研究过程中，选取距高级序断层的距离来表征低级序断层对输导概率的控制作用。

2)泥岩裂缝

综合前人研究成果，认为泥岩裂缝形成的机制是构造应力和异常压力耦合成缝(图 6－6)。在泥质岩超压微裂缝带内，由于异常流体压力可以大大降低作用在岩石颗粒上的有效应力，降低了岩石的抗破裂能力，受构造应力和超压作用，微裂缝局部扩大形成有效的储集空间，亦可以组成有效的隐蔽输导体系。根据其成缝机制的不同，选择不同的表征参数。

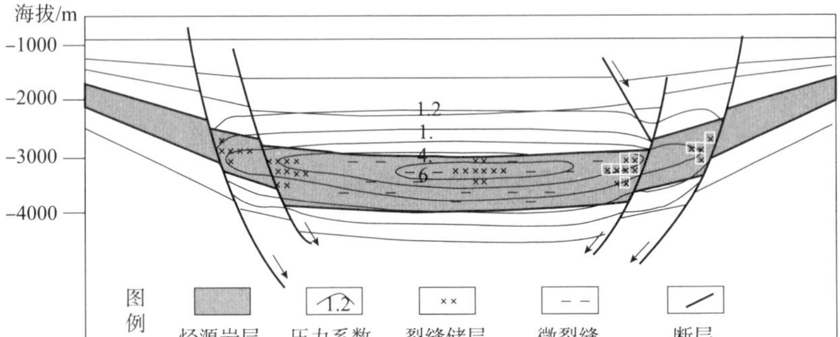

图 6－6　泥岩裂缝的构造应力和异常压力耦合成因模式图

(1)构造应力成缝。

断层活动产生裂缝，其影响范围到底有多大，中外学者均有研究，但大多是定性地阐述了两者之间的关系，也有学者通过古构造应力场数值模拟来进行构造裂缝发育区带的预测，但在参数的取得、模型的建立方面尚存在一定的局限性。对此，向立宏等(2008)采用估算法估算裂缝发育段与其控制断层之间的水平距离，即泥岩裂缝带宽度，并将其与断层的活动性相比较，建立两者的相关公式，由断层的活动性大小预测泥岩裂缝带宽度。由于东营组沉积时期是罗家地区泥岩裂缝的主要形成期，而断层生长指数直接反映了断层的活动性大小，因此，统计了该区影响泥岩裂缝的24条断层的生长指数，将其与泥岩裂缝带宽度进行拟合，发现断层生长指数与裂缝带宽度具有一定的正相关(图6－7)，相关系数可达0.84。根据相关公式，在已知断层生长指数的前提下，可以预测出泥岩裂缝带可能的发育范围，推测泥岩裂缝油藏可能存在的区域。因此，本次研究过程中，选取断层的生长指数来表征构造应力成缝对输导能力的影响。

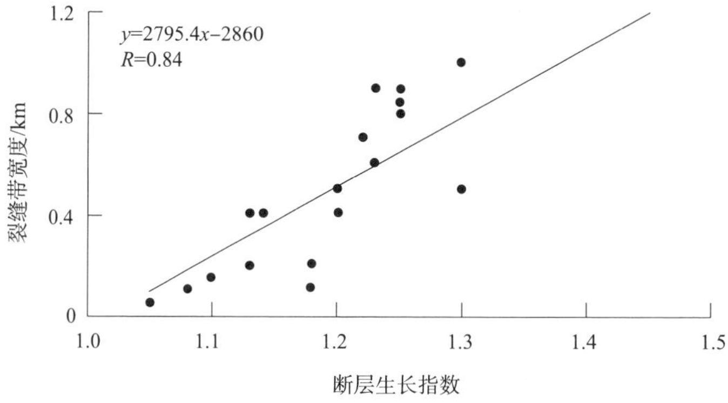

图6－7　断层生长指数与裂缝带宽度关系图(据向立宏，2008)

(2)异常压力成缝。

流体异常高压是岩石破裂的内因，这是由于随着沉积作用的持续进行，异常高压带上覆负荷不断增加，沉积物内部温度持续升高，烃类大量生成，其相态也由单相态变为多相态，造成流体体积增大，压力不断升高。当流体压力超过静水压力的1.42倍时，岩石就会沿着原有的近水平的构造面(如层理、裂隙)产生裂缝，烃源岩内的油气等流体通过裂缝向储集层内运移。目前，国外关于泥岩破裂压力和破裂压力梯度的计算方法有很多(表6－2)。

表6-2 泥岩突破压力求取方法汇总表

方法	破裂压力	破裂压力梯度
Hubbert 法、Wills 法	$FP = P + (1/3 \sim 1/2)(P_s - P)$	$G_{FP} = G + (1/3 \sim 1/2)(G_b - G)$
Eaton 法	$FP = P + (P_s - P)m/(1-m)$	$G_{FP} = G + (G_b - G)m/(1-m)$
Biot 法	$FP = 2m/(1-m)P_s + (1-3m)/(1-m)aP$	$G_{FP} = 2m/(1-m)G_b + (1-3m)/(1-m)aG$
Matthews、Kelly 法	$FP = P + K_i(P_s - P)$	$G_{FP} = G_w + K_i(G_b - G)$

本次研究过程中，选用 Eaton 法计算东营凹陷泥岩的破裂压力及破裂压力梯度。东营凹陷地层水平均密度 ρ_w 取 1.092g/cm^3，上覆地层岩石平均密度 ρ_b 取 2.357g/cm^3，则地层孔隙流体压力梯度 G 和上覆地层压力梯度 G_b 分别为 0.0107MPa/m、0.0231MPa/m。泊松比取自中科院伍向阳的实测数据，其范围为 0.1~0.3，取平均值为 0.2。

$$\begin{aligned} G_{FP} &= G + (G_b - G)\mu/(1-\mu) \\ &= 0.0107 + (0.0231 - 0.0107) * 0.2/(1-0.2) \qquad (6-2) \\ &\approx 0.0138(\text{MPa/m}) \end{aligned}$$

$$FP = G_{FP}D \approx 41.4\text{MPa}(3000\text{m 埋深条件下}) \qquad (6-3)$$

因此，根据东营凹陷实测数据，采用尹顿法计算东营凹陷岩层破裂下限的压力系数平均约为 1.38。从坡移砂体发育区沙三下亚段压力系数随深度变化的散点图上可以看出(图6-8)，沙三下亚段烃源岩埋深为 2900 ~ 3500，对应的压力系数为 1.25~1.75，平均值大于 1.5，满足了超压成缝的条件，因此，本次研究过程中，选取压力系数反映超压裂缝对输导能力的影响。

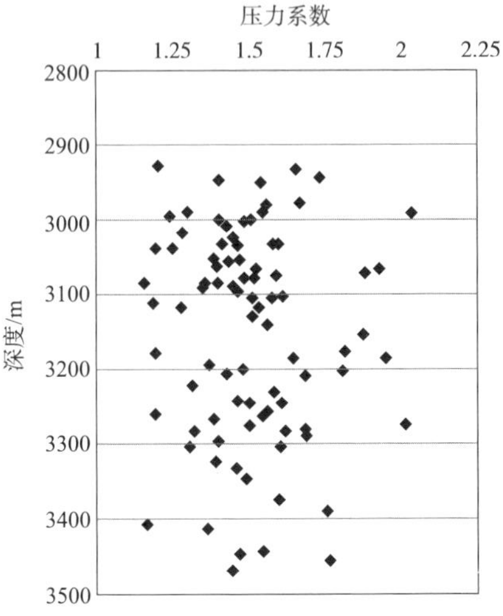

图6-8 压力系数随埋深变化散点图

另外，为了定量计算裂缝输导能力，宁方兴(2008)提出了裂缝输导系数(F)的概念，根据动(阻)力和泥岩力学性质在产生泥岩裂缝过程中的作用，定义裂缝输导系数(F)为流体压力与岩石最小压力和岩石抗张强度之和的比值：

$$F = p/(\sigma_3 + K) \tag{6-3}$$

$$\sigma_3 = \rho g h[\mu/(1-\mu)]^{(1/n)} \tag{6-4}$$

式中，P 为流体压力，MPa；σ_3 为岩石最小压应力；K 为泥岩抗张强度，31MPa(据单亦先)；ρ 为上覆岩石的平均密度，2.357g/cm^3；g 为重力加速度，m/s^2；h 为深度，m；μ 为泊松比，0.2；n 为常数，一般岩石采用0.67，则：

$$F = p/(0.002917h + 31) \tag{6-5}$$

裂缝输导系数是一个受压力和埋深比值控制的参数。本次研究过程中，计算了沙三中、下亚段的裂缝输导系数，从牛庄洼陷周源的裂缝输导系数等值线图上可以看出(图6-9)，中央隆起带的下降盘以及牛庄东部和南部斜坡的裂缝输导系数较大，整体上与断裂带的发育程度互补。因此，本次研究过程中也选取裂缝输导系数来反映超压裂缝对输导能力的影响。

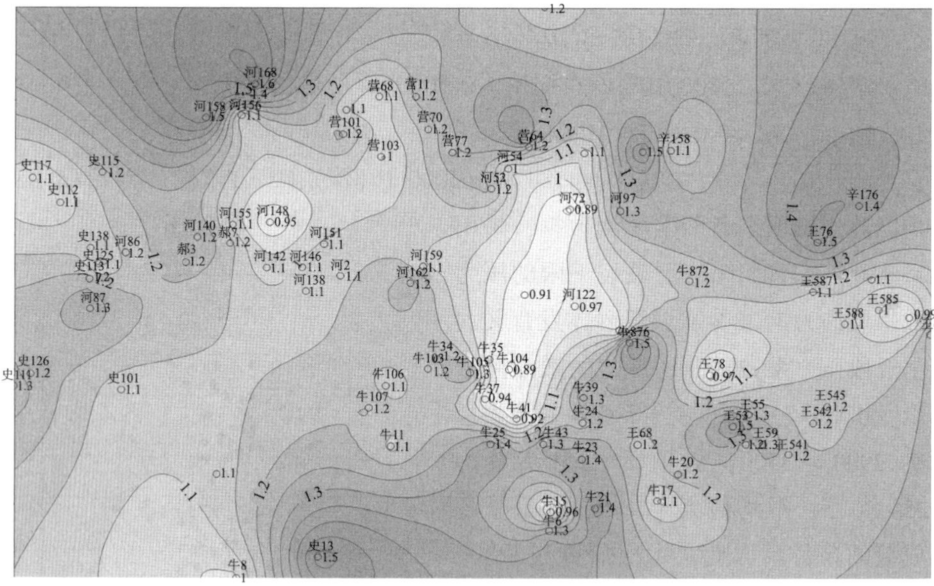

图6-9　牛庄周源沙三中、下亚段裂缝输导指数等值线图

6.2.3 输导概率定量预测模型

在输导能力影响因素分析的基础上，选取距断层距离、断层生长指数、压力系数和裂缝输导指数四个参数建立输导概率的定量预测模型。其中，距断层距离反映高级序断层伴生低级序断层的多少，生长指数可以反映构造应力裂缝带宽度，压力系数反映超压裂缝的多少，而裂缝输导指数反映裂缝的输导能力。首先建立单因素与输导概率之间的定量关系。结果表明，输导概率距断层距离的关系差(图6－10)，与断层生长指数、压力系数和裂缝输导指数正相关(图6－11～图6－13)。其中输导概率与生长指数的相关性最高，相关系数可达0.45。输导概率与压力系数、裂缝输导指数的相关性较好，相关系数0.2左右。由此可见，构造应力和异常压力产生的裂缝对输导概率的影响较大，裂缝越发育，输导概率越大。

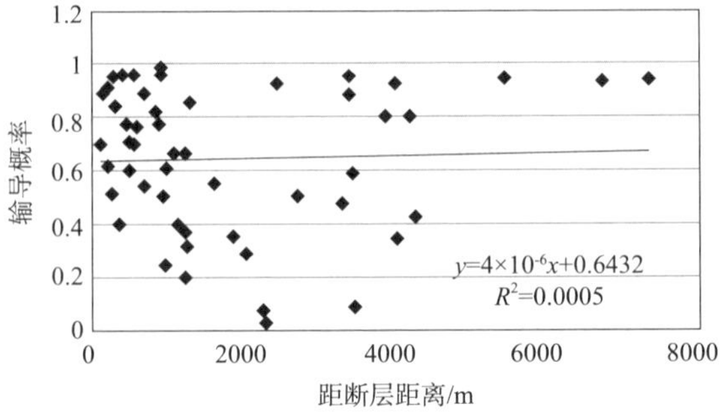

图6－10　距断层距离与输导概率关系散点图

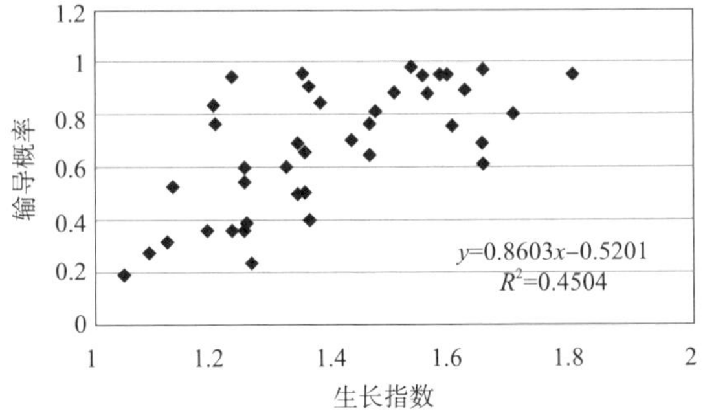

图6－11　生长指数与输导概率关系散点图

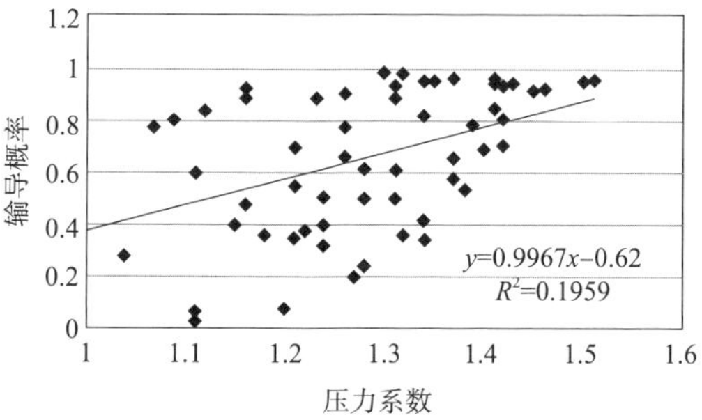

图 6－12　压力系数与输导概率关系散点图

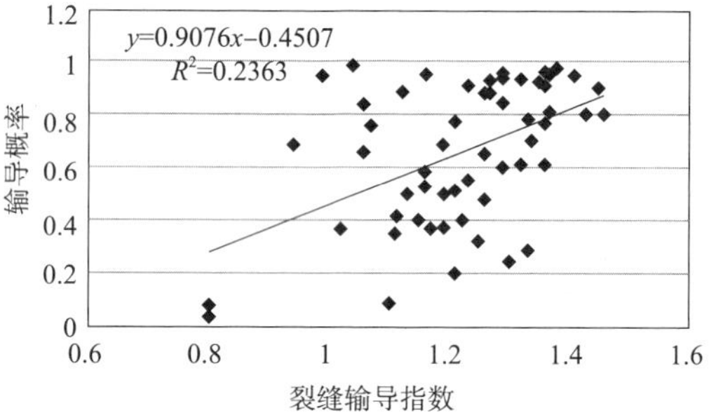

图 6－13　裂缝输导指数与输导概率关系散点图

而低级序断层与输导概率的关系不明显，从低级序断层产生的机理分析来看，低级序断层发育的范围有限，因此，需要在低序级断层发育范围内探讨其与输导概率的关系。当压力系数为 1.75 时，计算的构造应力裂缝带宽度为 2031.95m，因此，本次研究过程中认为距断层距离大于 2km 不再产生伴生的低级序断层。在此认识的指导下，建立了 2km 以内的距断层距离与输导概率的单因素关系，结果表明，相关性明显提升，相关系数提高到 0.23。输导概率随距断层距离的增大而减小(图 6－14)。

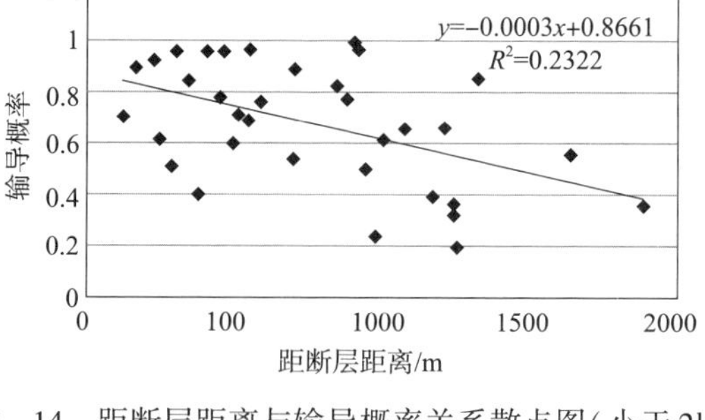

图 6－14　距断层距离与输导概率关系散点图(小于 2km)

在单因素与输导概率关系分析的基础上，根据成缝机理的不同，分别建立了应压耦合控缝(距断层距离小于2km)和超压控缝(断层距离大于2km)两种情况下的输导概率定量预测模型，分别为：

应压耦合控缝(距断层距离小于2km)：

$$F = -0.002A_1 - 5.846\mathrm{E}^{-5}B_1 + 0.31B_2 + 0.38C_1 - 0.16C_2 + 0.305,\ R^2 = 0.743 \quad (6-6)$$

超压控缝(断层距离大于2km)：

$$F = -0.002A_1 + 0.274C_1 + 0.25C_2 + 0.323,\ R^2 = 0.663 \quad (6-7)$$

式中，F为输导概率；A_1为距源岩距离，m；B_1为距断层距离，m；B_2为断层生长指数；C_1为压力系数；C_2为裂缝输导指数。

6.3 含油性评价研究

由动态成藏过程研究可知，在超压区坡移扇成藏动力是剩余压力。而在常压区成藏动力是瞬时超压。因此，本次研究分别建立了超压区和常压区的含油性定量预测模型。

6.3.1 压力梯度的求取

由于目的层的超压是储层内的压力，不能直接作为成藏的动力。而坡移扇的充注又是幕式充注，随着流体注入，压力很快即可达到平衡，因此，选用单井的压力梯度来表征成藏的动力。

压力梯度的计算公式如下：

$$压力梯度 = (P_1 - P_2)/(H_1 - H_2) \times 100 \quad (6-8)$$

式中，P_1为测试点1的地层压力，MPa；P_2为测试点2的地层压力，MPa；H_1为测试点1的埋藏深度，m；F_2为测试点2的埋藏深度，m。压力梯度表示埋深每增加100m，地层压力增加的大小。

对的有测压数据的井进行计算，结果表明，的压力梯度大约为0.219～21.509MPa(表6－3)。从压力梯度随埋深变化散点图中可以看出，随着埋深的增大，压力梯度有增加的趋势(图6－15)。

表6－3 单井压力梯度求取数据表

井号	层位	深度/m	静压/MPa	压力系数	压力梯度/(MPa/100m)
东风1	Es3	3044.1	52.11	1.711836	4.085779
东风1	Es3	3177	57.54	1.811143	
官11	Es3z	2888.7	28.78	0.996296	0.219245
官11	Es3z	2929.75	28.87	0.985408	
河130	Es3	2781.25	34.34	1.234697	0.36784
河130	Es3	2876.4	34.69	1.206021	
河148	Es3	3064.6	28.39	0.926385	21.50901
河148	Es3	3109	37.94	1.220328	
牛873	Es3z	2973.9	30.4	1.022227	6.603808
牛873	Es3z	3249.65	48.61	1.495853	
牛876	Es3z	3025.05	28.43	0.939819	5.42382
牛876	Es3x	3394.9	48.49	1.428319	11.18721
牛876	Es3x	3504.4	60.74	1.73325	
史128	Es3	3057.55	29.28	0.957629	7.886435
史128	Es3	3089.25	31.78	1.028729	
牛20	Es3	3036.7	47.42	1.561564	3.76
牛20	Es3	3074.2	48.83	1.588381	

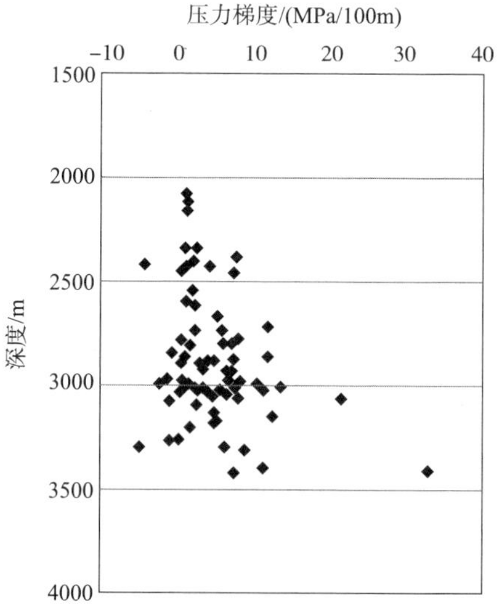

图6－15 压力梯度随埋深变化散点图

6.3.2 含油性的定量预测模型

坡移扇的含油性受输导概率、压力梯度和剩余压力等因素影响，根据充注动力差异建立了不同的含油性预测模型。首先建立各单因素与含油饱和度的关系，结果表明输导概率与含油饱和度呈正比，说明输导越有利，坡移扇体的含油饱和度越大(图6-16)；压力梯度、剩余压力与含油饱和度呈正比，说明充注动力越大，坡移扇体的含油饱和度越大(图6-17、图6-18)。

在单因素分析的基础上，根据坡移砂体充注动力的差异分别建立了超压区和常压区的含油性预测模型。利用PASW软件进行多元线性回归建立了含油性预测公式如下。

超压区：

$$S_o = 0.2665F + 0.0124a_2 + 0.3429,\ R^2 = 0.743 \quad (6-9)$$

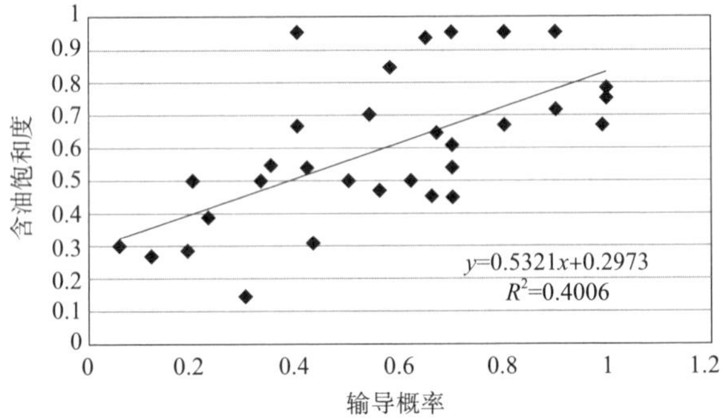

图6-16 输导概率与含油饱和度关系散点图

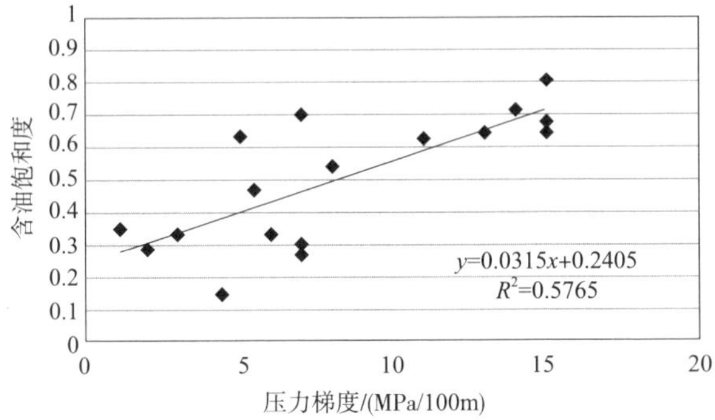

图6-17 压力梯度与含油饱和度关系散点图

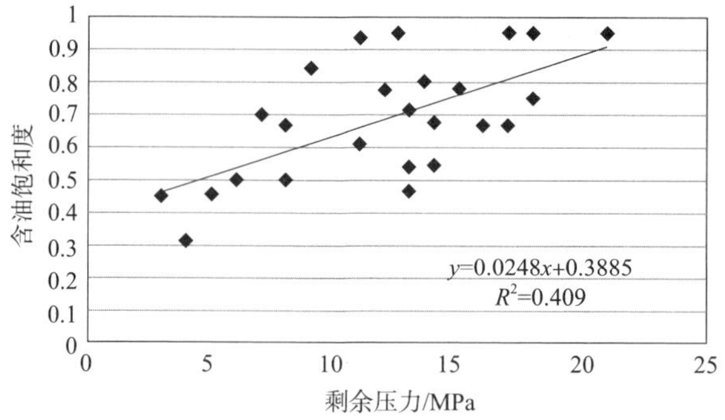

图 6－18　压力梯度与含油饱和度关系散点图

常压区：

$$S_o = 0.2665F + 0.01575a_1 + 0.2689,\ R^2 = 0.86 \qquad (6-10)$$

式中，S_o 为含油饱和度；F 为输导概率；a_1 为压力梯度，MPa；a_2 为剩余压力，MPa。

对未参与模型的 13 口井进行预测，误差为 3.7～29.6，基本满足现勘探阶段的要求(表 6－4)。

表 6－4　实测含油饱和度与计算含油饱和度相对误差分析数据表

砂体	层位	实测含油饱和度	计算含油饱和度	相对误差
史 13	Es_3z3	0.47	0.5123	8.86375
官 129	Es_3z3	0.84	0.7945	5.653125
官 116	Es_3z3	0.61	0.7889	29.605
牛 13	Es_3z3	0.67	0.5421	18.685
史 134	Es_3z3	1.00	0.8712	12.88
史 128	Es_3z3	1.00	0.7324	26.76
牛 16	Es_3z4	0.45	0.4718	3.796
官 114	Es_3z4	1.00	0.8935	10.65
牛 117	Es_3z5	0.50	0.5375	7.5
牛 32	Es_3z5	0.45	0.5396	19.91111
王 70	Es_3z6	0.93	0.8946	4.15
牛 29	Es_3z6	0.64	0.5898	8.253333
牛 30	Es_3z6	0.54	0.4213	21.75857

综上所述，输导概率是影响坡移扇岩性油藏含油性的重要因素。输导概率受源岩、断层和压力影响，根据裂缝成因不同建立了不同的输导概率预测方法；而坡移扇含油性受输导概率、压力梯度和剩余压力等因素影响，根据充注动力差异建立了不同的含油性。

参考文献

[1] Andrew L Petter, Ronald J Steel. Hyperycnal flow variability and slope organization on an Eocene shelf margin, Central Basin, Spitsbergen [J]. AAPG Bulletin, 2006, 90 (10): 1451 - 1472.

[2] Bates C C. Rational theory of delta formation [J]. AAPG Bull, 1953, 37: 2119 - 2162.

[3] C Gladstone, J C Phillips, R S J Sparks. Experiments on bidispese, constant - volume gravity currents: propagation and sediment deposition [J]. Sedimentology 1998, 45: 833 - 843.

[4] Charlotte Gladstone, David Pritchard. Patterns of deposition from experimental turbidity currents with reversing buoyancy [J]. Sdimentology, 2010, 57: 53 - 84.

[5] Dott R H. Dynamics of subaqueous gravity depositional processes [J]. AAPG Bulletin, 1963, 47: 104 - 128.

[6] Fisher R. Flow transformations in sediment gravity flows [J]. Geology, 1983, 11(5): 273 - 274.

[7] Gani M R. From turbid to lucid: a straightforward approach to sediment gravity flows and their deposits [J]. The Sedimentary Record. 2004, 2(3): 4 - 8.

[8] Haughton P D W, Davis C, McCaffrey W, et al. Hybrid sediment gravity flow deposits - classification, origin and significance [J]. Marine and Petroleum Geology, 2009, 26 (10): 1900 - 1918.

[9] Jan Alexander, Thierry Mulder. Experimental quasi - steady density currents [J]. Marine Geology, 2002, 186: 195 - 210.

[10] Lowe D R. Sediment gravity flows; Ⅱ, Depositional models with special reference to the deposits of high - density turbidity currents [J]. Journal of Sedimentary Research, 1982, 52(1): 279 - 297.

[11] Lowe D R. Sediment - gravity flows: Their classification, and some problems of applications to natural flows and deposits [C] // DoyleL J, PilkeyO H, eds. Geology of Continental Slopes. Society of Economic Paleontologists and Mineralogists Special Publication, 1979, 27: 75 - 82.

[12] Mulder T, Migeon S, Savoye B, et al. Inversely - graded turbidite sequences in the deep Mediterranean. A record of deposits from flood - generated turbidity currents [J]. Geo - Marine Letters, 2001b, 21: 86 - 93.

[13]Mulder T, J P M Syvitski, S Migeon, et al. Marine hyperpycnal flows: Initiation, behavior and related deposits. A review [J]. Marine and Petroleum Geology, 2003, 20: 861 – 882.

[14]Mulder T, Alexander J. The physical character of subaqueous sedimentary density flows and their deposits[J] . Sedimentology, 2001 , 48: 269 – 299.

[15]Middleton G V, Hampton M A. Sediment – gravity flows: Mechanics of flow and deposition[C]// Middleton G V, Bouma A H, eds. Turbidites and Deep – Water Sedimentation: Short Course Lecture Notes, Part Ⅰ. California: Los Angeles, 1973: 1 – 38.

[16] Mutti E, Davoli G, Tinterri R, et al. The importance of ancient fluvio – deltaic systems dominated by catastrophic flooding in tectonnically active basins [J]. Memorie di Scienze Geologiche, 1996, 48: 233 – 291.

[17]Mutti E, Tinterri R, Biase D, et al. Delta – front facies associations on ancient flood dominated fluvio – deltaic systems [J]. Reviews of the Society of Geology Espana, 2000, 13(2), 165 – 190.

[18]Mutti E, Bernoulli D , Ricci Lucchi F, et al. Turbidites and turbidity currents from Alpine 'flysch' to the exploration of continental margins[J]. Sedimentology, 2009, 56: 267 – 318.

[19]Middleton G V, Hampton M A. Subaqueous sediment transport and deposition by sediment gravity flows[C]// Stanley D J, Swift D J P, eds. New York: Marine Sediment Transport and Environmental Management, Wiley, 1976: 197 – 218.

[20]Normark W R. Growth patterns of deep – sea fans [J]. AAPG Bull, 1970, 54: 2170 – 2195.

[21]Peter J Talling. Hybrid submarine flows comprising turbidity current and cohesive debris flow: Deposits, theoretical and experimental analyses, and generalized models [J]. Geosphere, 2013, 9(3): 460 – 488.

[22]Peter J Talling, Douglas G Masson, Esther J. Sumner et al. Subaqueous sediment density flows: Depositional processes and deposit types[J]. Sedimentology, 2012 , 59: 1937 – 2003.

[23]Peter J Talling, Charles K Paull, David J W Pipe. How are subaqueous sediment density flows triggered, what is their internal structure and how does it evolve? Direct observations from monitoring of active flows [J]. Earth Science Reviews, 2013, 125: 244 – 287.

[24]Reading H G, Richards M. Turbidite systems in deep – water basin margins classified by grain size and feeder system [J]. AAPG Bulletin, 1994, 78(5): 792 – 822.

[25]Shanmugam G. 50 years of the turbidite Paradigm (1950s – 1990s): deep water processes and facies models a critical perspective[J]. Marine and petroleum Geology, 2000, 17: 285 – 342.

[26] Shanmugam. New perspectives on deep – water sandstones: Implications [J]. Petroleum Exploration and Development, 2013, 40(3): 316 – 324.

[27]Shanmugam G. High – density turbidity currents: Are they sandy debris flows[J]. Journal of

Sedimentary Research, 1996, 66: 2 - 10.

[28] Talling P J, Amy L A, Wynn R, et al. Beds comprising debrite sandwiched within co - genetic turbidite: Origin and widespread occurrence in distal depositional environments [J]. Sedimentology, 2004, 51: 163 - 194.

[29] Walker R G. Deep - water sandstone facies and ancient submarine fans; models for exploration for stratigraphic traps [J]. AAPG Bulletin, 1978, 62 (6): 932 - 966.

[30] 操应长，刘晖．湖盆三角洲沉积坡度带特征及其与滑塌浊积岩分布关系的初步探讨[J]．地质论评，2007，53(4)：454 - 459.

[31] 操应长，王健，刘惠民，等．东营凹陷南坡沙四上亚段滩坝砂体的沉积特征及模式[J]．中国石油大学学报(自然科学版)，2009，33(6)：5 - 10.

[32] 陈永红．惠民凹陷沙三段三角洲前缘滑塌浊积砂体发育规律与油气聚集关系[D]．广州：中国科学院广州地球化学研究所，2006.

[33] 何起祥，刘招君，王东坡，等．湖泊相浊积岩的主要特征及其地质意义[J]．沉积学报，1984，21(4)：19 - 21.

[34] 侯明才，田景春，陈洪德，等．东营凹陷牛庄洼陷沙三中段浊积扇特征研究[J]．成都理工学院学报，2002，29(5)：506 - 510.

[35] 姜辉．浊流沉积的动力学机制与响应[J]．石油与天然气地质，2010，31(4)：428 - 435.

[36] 姜涛，解习农，汤苏林．浊流形成条件的水动力学模拟及其在储层预测方面的作用[J]．地质科技情报，2005，24(2)：1 - 6.

[37] 蒋恕，王华，等．深水沉积层序特点及构成要素[J]．地质科学—中国地质大学学报，2008，33(6)：826 - 833.

[38] 庞雄，柳保军，颜承志，等．关于南海北部深水重力流沉积问题的讨论[J]．海洋学报，2012，34(3)：114 - 119.

[39] 赖婉琦，顾家裕．渤海湾含油气盆地中的浊积岩[J]．沉积学报，1984，2(4)：47 - 56.

[40] 李相博，卫平生，刘化清，等．浅谈沉积物重力流分类与深水沉积模式[J]．地质论评，2013，59(4)：607 - 614.

[41] 李相博，刘化清，完颜容，等．鄂尔多斯盆地三叠系延长组砂质碎屑流储集体的首次发现[J]．岩性油气藏，2009，21(4)：19 - 21.

[42] 李林，曲永强，孟庆任，等．重力流沉积：理论研究与野外识别[J]．沉积学报，2011，29(4)：677 - 688.

[43] 李云，郑荣才，朱国金，等．沉积物重力流研究进展综述[J]．地球科学进展，2011，26(2)：157 - 165.

[44] 李磊，王英民，徐强，等．被动陆缘深水重力流沉积单元及沉积体系[J]．地质论评，2012，58(5)：846 - 852.

[45]李存磊，任伟伟，唐明明．流体性质转换机制在重力流沉积体系分析中应用初探[J]．地质论评，2012，58(2)：285－296.

[46]李趁义．东营三角洲滑塌浊积岩形成机制与高频基准面旋回控砂模式研究[D]．北京：中国地质大学(北京)，2005.

[47]刘孟慧，赵澄林．渤海湾地区下第三系湖底扇的沉积特征[J]．华东石油学院学报，1984，3：223－234.

[48]饶孟余，钟建华，郭泽清，等．济阳坳陷牛庄洼陷沙三段三角洲前缘浊积岩特征[J]．高校地质学报，2004，10(4)：624－633.

[49]尚冰．牛庄洼陷王58地区沙四段上亚段纯上3砂组浊积岩沉积特征及形成机制[J]．油气地质与采收率，2011，18(4)：28－31.

[50]王春连，侯中健，刘丽红．板桥－北大港地区沙三中重力流沉积特征研究[J]．岩性油气藏．2009，21(3)：45－49.

[51]王健，操应长，等．涠西南凹陷西部古近系流一段三角洲前缘滑塌浊积岩分布规律[J]．石油地球物理勘探，2010，45(6)：879－884.

[52]王金铎，韩文功，于建国，等．东营凹陷沙三段浊积岩体系及其油气勘探意义[J]．石油学报，2003，24(6)：24－29.

[53]王德坪．湖相内成碎屑流的沉积及形成机制[J]．地质学报，1991，65(4)：299－316.

[54]王琳娜．滨南地区浊积岩成藏控制因素分析[J]．胜利油田职工大学学报，2008，22(3)：44－45.

[55]吴崇筠．湖盆砂体类型[J]．沉积学报，1986，4(4)：1－27.

[56]鲜本忠，万锦峰，姜在兴，等．断陷湖盆洼陷带重力流沉积特征与模式：以南堡凹陷东部东营组为例[J]．地学前缘，2012，19(1)：121－135.

[57]鲜本忠，万锦峰，等．湖相深水块状砂岩特征、成因及发育模—以南堡凹陷东营组为例[J]．岩石学报，2013，29(9)：3287－3299.

[58]鄢继华，陈世悦，姜在兴，等．三角洲前缘浊积体成因及分布规律研究[J]．石油实验地质，2008，30(1)：16－19.

[59]鄢继华，陈世悦，姜在兴，等．断陷湖盆震浊积岩成因模拟实验[J]．古地理学报，2007，9(3)：77－82.

[60]尹太举．渤南一区浊积岩沉积学研究[J]．沉积与特提斯地质，2006，26(1)：37－40.

[61]张鹏飞．东营凹陷洼陷带沙三中亚段浊积岩成藏条件分析[J]．岩性油气藏，2012，24(3)：61－65.

[62]邹才能，赵政璋，杨华，等．陆相湖盆深水砂质碎屑流成因机制与分布特征—以鄂尔多斯盆地为例[J]．沉积学报，2009，27(6)：1065－1075.

[63]陈秀艳，师晶，徐杰．渤海湾盆地东辛油田沙三中亚段重力流沉积砂体类型及含油性

[J]. 石油与天然气地质，2010，05：594－601.
[64]张晶，王伟锋，荣启宏，等. 东营凹陷民丰洼陷沙河街组三段岩性油藏控制因素[J]. 石油与天然气地质，2007，02：235－239＋249.
[65]牟汉生，姜在兴，邱隆伟，等. 东营凹陷现河地区沙三段下亚段储层成岩作用[J]. 油气地质与采收率，2007，04：50－52＋114.
[66]姚益民，徐道一，李保利，等. 东营凹陷牛38井沙三段高分辨率旋回地层研究[J]. 地层学杂志，2007，03：229－239.
[67]王伟庆，刘宁，田方. 东营凹陷牛庄地区沙三段层序地层分析[J]. 地层学杂志，2007，S2：567－572.
[68]吴胜和，翟瑞，李宇鹏. 地下储层结构表征：现状与展望[J]. 地学前缘，2012，02：15－23.
[69]王新水，肖跃辉，李燕涛. 储层结构综述[J]. 中国石油和化工标准与质量，2012，S1：4.
[70]杨平，蒲玉国. 东营凹陷南斜坡沙三段浊积岩油藏沉积模式与滚动勘探[J]. 内江科技，2012，04：159－160.
[71]高平. 东营凹陷牛庄东坡沙四段浊积岩油藏的属性优化分析[J]. 科技创新与生产力，2012，09：107－109.
[72]刘鑫金，宋国奇，刘惠民，等. 东营凹陷北部陡坡带砂砾岩油藏类型及序列模式[J]. 油气地质与采收率，2012，05：20－23＋112.
[73]宁方兴，郝雪峰，王福勇，等. 高分辨率层序地层学在东营凹陷梁家楼地区的应用[J]. 油气地质与采收率，2001，06：41－44＋2.
[74]冯有良，李思田. 东营凹陷沙河街组三段层序低位域砂体沉积特征[J]. 地质论评，2001，03：278－286.
[75]王化爱. 东营凹陷中央带西段沙三中亚段浊积岩沉积特征及储层建模研究[D]. 中国海洋大学，2003.
[76]王金铎. 东营凹陷浊积岩油藏特征和地震描述方法研究[D]. 中国海洋大学，2003.
[77]尹太举，张昌民，李中超. 东营凹陷滑塌浊积岩沉积特征及油气藏勘探技术[J]. 石油与天然气地质，2006，01：93－98.
[78]陈秀艳，师晶，徐杰. 渤海湾盆地东辛油田沙三中亚段重力流沉积砂体类型及含油性[J]. 石油与天然气地质，2010，05：594－601.
[79]方勇，邓宏文，王红亮，等. 东营三角洲高频层序特征与岩性圈闭分布[J]. 中国海上油气(地质)，2003，17(3)：160－163.
[80]方勇，邓宏文，郝雪峰，等. 东营三角洲高频旋回划分与浊积砂体预测[J]. 物探与化探，2004，28(6)：504－508.
[81]林畅松，潘元林，肖建新，等. "构造坡折带"—断陷盆地层序分析和油气预测的重要概

念[J]. 地球科学，2000，25(3)：260－266.
[82]林承焰，张宪国，董春梅. 地震沉积学及其初步应用[J]. 石油学报，2007，28(2)：69－72.
[83]林承焰，张宪国. 地震沉积学探讨[J]. 地球科学进展，2006，21(1)：1140－1144.
[84]林松辉，王华，王兴谋，等. 断陷盆地陡坡带砂砾岩扇体地震反射特征—以东营凹陷为例[J]. 地质科技情报，2005，24(4)：55－59，66.
[85]孟凡涛. 东营凹陷北部陡坡带沙四段地层划分与对比[D]. 石油大学硕士论文，2008.
[86]邱桂强，王居峰. 东营三角洲沙河街组三段中亚段地层格架初步研究及油气勘探意义[J]. 沉积学报，2001，19(4)：569－574.
[87]庞雄奇，付广，陈章明，等. 地震资料用于地层古厚度恢复与剥蚀量计算方法探讨[J]. 大庆石油学院学报，1991. 12，15(4)：1－8.
[88]任建业，陆永潮，张青林. 断陷盆地构造坡折形成机制及其对层序发育样式的控制[J]. 地球科学，2004，29(5)：596－602.
[89]孙龙德. 东营凹陷北部斜坡带沙三—四段砂砾岩体与油气聚集[J]. 沉积学报，2003，21(2)：278－282.
[90]孙怡，鲜本忠，林会喜. 断陷湖盆陡坡带砂砾岩体沉积期次的划分技术[J]. 石油地球物理勘探，2007，42(4)：468－473.
[91]王居峰. 东营三角洲—浊积扇高频层序叠加样式与岩性圈闭[J]. 沉积学报，2005，23(2)：303－309.
[92]王留奇，姜在兴，操应长，等. 东营凹陷沙河街组断槽重力流水道沉积[J]. 石油大学学报(自然科学版)，1994，18(3)：19－25.
[93]武凤良. 应用测井、地震资料进行地层压实校正的方法[J]，石油地球物理勘探，1989，2，24(1)：18－79.